暖通空调
安装与调试

主　编　张振迎
副主编　王　昆　刘仕宽

电子科技大学出版社
University of Electronic Science and Technology of China Press

·成都·

图书在版编目(CIP)数据

暖通空调安装与调试 / 张振迎主编. —成都:电
子科技大学出版社,2023.2
ISBN 978-7-5647-9335-7

Ⅰ.①暖… Ⅱ.①张… Ⅲ.①采暖设备-设备安装
②通风设备-设备安装 ③空气调节设备-设备安装 ④采暖设
备-调试方法 ⑤通风设备-调试方法 ⑥空气调节设备-调试
方法 Ⅳ.①TU83

中国版本图书馆 CIP 数据核字(2021)第 255090 号

暖通空调安装与调试

NUANTONG KONGTIAO ANZHUANG YU TIAOSHI

张振迎　主编

策划编辑　曾　艺

责任编辑　李　倩

出版发行　电子科技大学出版社
　　　　　成都市一环路东一段 159 号电子信息产业大厦九楼　邮编 610051
主　　页　www.uestcp.com.cn
服务电话　028-83203399
邮购电话　028-83201495

印　　刷　三河市文阁印刷有限公司
成品尺寸　185 mm×260 mm
印　　张　13.75
字　　数　335 千字
版　　次　2023 年 2 月第 1 版
印　　次　2023 年 2 月第 1 次印刷
书　　号　ISBN 978-7-5647-9335-7
定　　价　36.00 元

前　　言

　　本书是在华北理工大学教学与教材建设委员会下设的德智体美劳五育建设专门委员会的整体谋划、设计、指导下完成的劳动教育类教材，旨在深化劳动技能课改革，丰富创新劳动实践形式，以课程教育为主要依托，以实践育人为基本途径，与德育、智育、体育、美育相融合，以劳树德、以劳增智、以劳强体、以劳育美，培养学生养成良好的劳动观念、劳动态度、劳动情感、劳动品质，激发学生争做新时代奋斗者的劳动情怀，全面提高学生的劳动素养。

　　本书主要介绍暖通空调系统安装与调试过程中的常用工程材料，管道的加工和连接方法，暖通空调管道和设备的安装工艺、方法及技术要求，结合新的设计及施工验收规范、标准，力求把新的知识点传授给学生。本书提供了大量的图例和技术数据，深入浅出地将暖通空调安装的主要内容尽可能详细、全方位地展现在学生面前，力图把专业的劳动教育渗透到专业教育过程中，培养学生遵守操作规程和质量标准的意识及动手实践、问题处理和施工组织管理的能力，保证整个工程达到"全优工程"的工匠精神。本书可作为建筑环境与能源应用工程专业本科生的劳育教材和参考书。

　　本书由张振迎担任主编，王昆、刘仕宽担任副主编。其中，第1章、第4章、第5章由张振迎编写，第2章和第6章由王昆编写，第3章由刘仕宽编写。本书在编写中得到了建筑工程学院领导的帮助和指导，另外，研究生王世琪也参与了书稿的整理和校对工作，在此表示诚挚的感谢。

　　由于编者水平有限，书中难免有错误和不妥之处，敬请广大读者批评、指正。

编　者

2022 年 10 月

目　　录

3

第1章 管材及管件

导　　读

管道一般由管材和附件组成,称为通用材料。施工材料一般占工程造价的70%左右,因此对工程材料的应用是否合理、加工工艺是否正确直接关系到工程质量的好坏和投资效益的高低。本章就建筑环境劳动实践中管材(pipe)及管件(fitting)的品种、规格、技术性能检验及其正确选用进行阐述,使学生掌握管材及管件方面的知识,进一步加深对管材及管件通用性和互换性的认识,培养学生专业劳动实践中的规范意识,在专业劳动实践中的动手实践、问题处理、沟通交流等能力,以及团队意识。

1.1　管材及附件的通用标准

为便于生产、设计、施工和建设等单位进行工程建设,国家于1959年正式批准了管材及附件的统一技术标准,即公称通径标准(GB 1047—70)和公称压力标准(GB 1048—70),并于1961年5月1日全面贯彻实施。现行的各种管材及管件的技术标准,均依这两项标准为基准编制。为了使用和交流的方便,每种技术标准都用标准代号表示。统一格式的标准代号由标准类别代号、标准顺序号和颁发年号三部分组成,如GB/T 1047—2019。标准类别代号一般为标准简称的汉语拼音首字母大写,如GB代表国家标准、GB/T代表推荐性国家标准。

1.1.1　公称通径

为了便于管道工程施工,就必须使管子、管件、法兰、阀门等部件的尺寸统一起来以便于连接,统一尺寸叫公称通径(或称公称直径),用符号DN表示,单位为mm。在机械行业中,尺寸数字的基本单位为mm(毫米),所以,除特殊情况外,尺寸数字后面的单位都不必写出。例如,表示公称直径125 mm的管子或管件,即写成DN125。

根据现行国家标准《管道元件 公称尺寸的定义和选用》(GB/T 1047—2019),优先选用的公称尺寸数值见表1-1所列。

表1-1 管道元件的公称尺寸

6	50	300	700	1100	1800	2700	4000
8	65	350	750	1150	1900	2800	
10	80	400	800	1200	2000	2900	
15	100	450	850	1300	2200	3000	
20	125	500	900	1400	2300	3200	
25	150	550	950	1500	2400	3400	
32	200	600	1000	1600	2500	3600	
40	250	650	1050	1700	2600	3800	

管材及附件的实际生产制造规格如下:

(1)阀门等附件,其公称通径等于其实际内径;

(2)内螺纹管件,其公称通径等于其内径;

(3)各种管材,其公称通径既不等于其实际内径,也不等于其实际外径,只是个名义直径。但无论管材的实际内径和外径的数值是多少,只要其公称通径相同,就可用相同公称通径的管件相连接,具有通用性和互换性。

1.1.2 公称压力、试验压力、工作压力

公称压力是指在各自材料的基准温度,设备、管道及其附件的耐压强度,为标称值,用符号PN表示,后面的数字表示公称压力数值,单位为MPa。例如,PN10表示公称压力为10 MPa。

试验压力是在常温下检验管子及其附件机械强度及严密性能的压力标准,即通常水压试验的压力标准,试验压力以Ps表示。水压试验采用常温下的自来水,试验压力为公称压力的1.5～2倍,即Ps=(1.5～2)PN,公称压力PN较大时,倍数值选小的;PN值较小时,倍数值取大的;当公称压力达到20 MPa～100 MPa时,试验压力取公称压力的1.25～1.4倍。

工作压力是指管道内流动介质的工作压力,用字母P表示,右下角附加的数字为输送介质最高温度1/10的整数值,后面的数字表示工作压力数值。例如,介质最高温度为300 ℃,工作压力10 MPa,用$P_{30}10$ MPa表示;介质最高温度为425 ℃,工作压力10 MPa,用$P_{42}10$ MPa表示。输送热水、过热水和蒸汽的热力管道及其附件,由于温度升高而产生热应力,使金属材料的机械强度降低,因而其承压能力随着温度升高而降低,所

以热力管道的工作压力随着工作温度的提高而应减小其最大允许值。几种材料的工作压力随温度变化的数值,以及公称压力、试验压力和工作压力的关系见表1-2~1-4所列。

试验压力、公称压力、工作压力之间的关系是:Ps>PN≥P,这是保证系统安全运行的重要条件。

为保证管道系统安全可靠地运行,用各种材料制造的管子及其附件,均应按表1-2~1-4中的压力标准试压。对于机械强度的检查,待配件组装后,用等于公称压力PN的水压做密封性试验和强度试验,检验密封、填料和垫片等的密封性能。压力试验必须遵守该项产品的技术标准。如青铜制造的阀门,按产品技术标准应符合公称压力PN小于且等于1.6 MPa,则对阀门构件(如阀体)应做2.4 MPa的水压试验,装配后再进行1.6 MPa的水压试验,检验其密封性。由表1-4可知,这个阀门用在介质温度<120 ℃时,其工作压力为1.6 MPa;用在200 ℃时,其工作压力为1.3 MPa;而当介质温度为250 ℃时,就只能用在工作压力为1.1 MPa的管路中。

表1-2 碳素钢制管子和附件的公称压力、试验压力与工作压力

公称压力 PN/MPa	试验压力(用低于100 ℃的水)Ps/MPa	介质工作温度/℃						
		至200	250	300	350	400	425	450
		最大工作压力 P/MPa						
		P_{20}	P_{25}	P_{30}	P_{35}	P_{40}	P_{42}	P_{45}
0.1	0.2	0.1	0.09	0.08	0.07	0.06	0.06	0.05
0.25	0.4	0.25	0.23	0.2	0.18	0.16	0.14	0.11
0.4	0.6	0.4	0.37	0.33	0.29	0.26	0.23	0.18
0.6	0.9	0.6	0.55	0.5	0.44	0.38	0.35	0.27
1.0	1.5	1.0	0.92	0.82	0.73	0.64	0.58	0.45
1.6	2.4	1.6	1.5	1.3	1.2	1.0	0.9	0.7
2.5	3.8	2.5	2.3	2.0	1.8	1.6	1.4	1.1
4.0	6.0	4.0	3.7	3.3	3.0	2.8	2.3	1.8
6.4	9.6	6.4	5.9	5.2	4.3	4.1	3.7	2.9
10.0	15.0	10.0	9.2	8.2	7.3	6.4	5.8	4.5

注:1. 表中略去了公称压力为16、20、25、32、40、50等6级。

2. 本书压力单位采用MPa(原习惯单位为 kg/cm²),为工程应用方便,在单位换算时按1 kg/m² ≈ 0.1 MPa计算。

表 1-3　含钼不少于 0.4% 的钼钢及铬钢制品的公称压力、试验压力与工作压力

公称压力 PN/MPa	试验压力(用低于 100 ℃ 的水) Ps/MPa	介质工作温度/℃								
		至 350	400	425	450	475	500	510	520	530
		最大工作压力 P/MPa								
		P_{35}	P_{40}	P_{42}	P_{45}	P_{47}	P_{50}	P_{51}	P_{52}	P_{53}
0.1	0.2	0.1	0.09	0.09	0.08	0.07	0.06	0.05	0.04	0.04
0.25	0.4	0.25	0.23	0.21	0.20	0.18	0.14	0.12	0.11	0.09
0.4	0.6	0.4	0.36	0.34	0.32	0.28	0.22	0.20	0.17	0.14
0.6	0.9	0.6	0.55	0.51	0.48	0.43	0.33	0.30	0.26	0.22
1.0	1.5	1.0	0.91	0.86	0.81	0.71	0.55	0.50	0.43	0.36
1.6	2.4	1.6	1.5	1.4	1.3	1.1	0.9	0.8	0.7	0.6
2.5	3.8	2.5	2.3	2.1	2.0	1.8	1.4	1.2	1.1	0.9
4.0	6.0	4	3.6	3.4	3.2	2.8	2.2	2.0	1.7	1.4
6.4	9.6	6.4	5.8	5.5	5.2	4.5	3.5	3.2	2.8	2.3
10	15	10	9.1	8.6	8.1	7.1	5.5	5	4.3	3.6

注:表中略去了公称压力在 16～100 范围的 9 级。

表 1-4　青铜、黄铜及紫铜制品的公称压力、试验压力与工作压力

公称压力 PN/MPa	试验压力(用低于 100 ℃ 的水) Ps/MPa	介质工作温度/℃		
		至 120	200	250
		最大工作压力 P/MPa		
		P_{12}	P_{20}	P_{25}
0.1	0.2	0.1	0.1	0.07
0.25	0.4	0.25	0.2	0.17
0.4	0.6	0.4	0.32	0.27
0.6	0.9	0.6	0.5	0.4
1.0	1.5	1.0	0.8	0.7
1.6	2.4	1.6	1.3	1.1
2.5	3.8	2.5	2.0	1.7
4.0	6.0	4.0	3.2	2.7
6.4	9.6	6.4		
10	15	10		
16	24	16		
20	30	20		
25	33	25		

注:1. 表中所用压力均为表压力。

　　2. 当工作温度为表中温度级别之中间值时,可用插入法决定其工作压力。

综上所述,公称压力亦表示管子及其附件的一般强度标准,因而就可以根据所输送介质的参数选择管子及管子附件,而不必再进行强度计算,这样既便于设计,也便于安装。

1.2 管　　材

管材根据材质和制造工艺的不同有很多品种。按材质分类,可分为钢管、铸铁管、有色金属管、非金属管;按制造方法分类,可分为无缝管、有缝管、铸造管。

1.2.1 钢管

1.无缝钢管

无缝钢管(如图1-1所示)采用碳素钢或合金钢制造,一般以10、20、35及45低碳钢用热轧或冷拔两种方法生产钢管。热轧管的规格见表1-5所列。冷拔管的外径为5～133 mm,共分72种;其壁厚为0.5～12 mm,共分30种,其中以壁厚小于6 mm者最常用。热轧无缝钢管的长度一般为4～12.5 m,冷拔无缝钢管的长度一般为1.5～7 m。

图1-1 无缝钢管

无缝钢管的机械性能应符合表1-6的规定。它所能承受的水压试验压力值以式(1-1)确定,但最大压力不超过40 MPa。

$$P_S = 200SR/d \qquad (1-1)$$

式中,S——最小壁厚,单位 mm;

R——允许应力,单位 MPa,对用碳素钢制作的钢管,R值采用抗拉强度的35%;

d——钢管的内径,单位 mm。

安装工程上所选用的无缝钢管应有出厂合格证,如无质量合格证时需进行质量检查试验,不得随意采用。检查必须根据国家标准《金属材料　拉伸试验　第1部分:室温试验方法》(GB/T 228.1—2021)、《钢板和钢带包装、标志及质量证明书的一般规定》(GB/T 247—2008)、《金属管　液压试验方法》(GB/T 241—2007)、《金属管　扩口试验方法》(GB/T 242—2007)等规定进行。外观上钢管表面不得有裂缝、凹坑、鼓包、辗皮及壁厚不均等缺陷。

同一公称直径的无缝钢管有多种壁厚,满足不同的压力需要,适用压力范围广,故无缝钢管规格一般不用公称直径表示,而用外径×壁厚表示,如外径为 133 mm 及壁厚为 4.5 mm 的无缝钢管,则可写为 DN133×4.5。无缝钢管管壁较有缝钢管薄,故一般不用螺纹连接,而采用焊接。

表 1-5　热轧无缝钢管尺寸及重量表

D_{H} 外直径 /mm	壁厚/mm										
	3.5	4	4.5	5	5.5	6	7	8	9	10	11
	每米长的理论重量/kg(设钢的比重为 7.85 g/cm³)										
57	4.62	5.23	5.83	6.41	6.99	7.55	8.63	9.67	10.65	11.59	12.48
60	4.83	5.52	6.16	6.78	7.39	7.99	9.15	10.26	11.32	12.33	13.29
63.5	5.18	5.87	6.55	7.21	7.87	8.51	9.75	10.95	12.10	13.19	14.24
68	5.57	6.31	7.05	7.77	8.48	9.17	10.53	11.84	13.10	14.30	15.46
70	5.74	6.51	7.27	8.01	8.75	9.47	10.88	12.23	13.54	14.80	16.01
73	6.00	6.81	7.60	8.38	9.16	9.91	11.39	12.82	14.21	15.54	16.82
76	6.26	7.10	7.93	8.75	9.56	10.36	11.91	13.42	14.87	16.28	17.63
83	6.86	7.79	8.71	9.62	10.51	11.39	13.21	14.80	16.42	18.00	19.53
89	7.38	8.38	9.38	10.36	11.33	12.28	14.16	15.98	17.76	19.48	21.16
95	7.90	8.98	10.04	11.10	12.14	13.17	15.19	17.16	19.09	20.96	22.79
102	8.50	9.67	10.82	11.96	13.09	14.21	16.40	18.55	20.64	22.69	24.69
108	—	10.26	11.49	12.70	13.90	15.09	17.44	19.73	21.97	24.17	26.31
114	—	10.85	12.15	13.44	14.72	15.98	18.47	20.91	23.31	25.65	27.94
121	—	11.54	12.93	14.30	15.67	17.02	19.68	22.29	24.86	27.37	29.84
127	—	12.13	13.59	15.04	16.48	17.90	10.72	23.48	26.19	28.85	31.47
133	—	12.73	14.26	15.78	17.29	18.79	21.75	24.66	27.52	30.33	33.10
140	—	—	15.04	16.65	18.24	19.83	22.96	26.04	29.08	32.06	34.99
146	—	—	15.70	17.39	19.06	20.72	24.00	27.23	30.41	33.54	26.62
152	—	—	16.37	18.13	19.87	21.66	25.03	28.41	31.75	35.02	38.25
159	—	—	17.15	18.99	20.82	22.64	26.24	29.79	33.29	36.75	40.15
158	—	—	—	20.10	22.04	23.97	27.79	31.57	35.29	38.99	42.59
180	—	—	—	—	—	25.75	29.87	33.93	37.95	41.92	45.85
194	—	—	—	(23.31)	—	27.82	32.28	36.70	41.06	45.38	49.64
219	—	—	—	—	—	31.52	36.60	41.93	46.61	51.54	56.43
245	—	—	—	—	—	—	41.09	46.76	52.38	57.95	63.48
273	—	—	—	—	—	—	45.92	52.28	58.60	64.86	71.07
299	—	—	—	—	—	—	—	57.41	64.37	71.27	78.13
325	—	—	—	—	—	—	—	62.54	70.14	77.86	85.18
351	—	—	—	—	—	—	—	67.67	75.91	84.10	92.23
377	—	—	—	—	—	—	—	—	—	90.51	99.29
426	—	—	—	—	—	—	—	—	(92.55)	—	112.58

表 1-6 无缝钢管的机械性能

钢号	软钢管		低硬钢管		硬钢管	
	抗拉强度 σ_b /MPa	伸长率 δ_{10}	抗拉强度 σ_b /MPa	伸长率 δ_{10}	抗拉强度 σ_b /MPa	伸长率 δ_{10}
08 和 10	320	20	380	12	400	5
15	360	18	410	10	450	4
20	400	17	450	8	500	3
A_4 和 AJ_2	340	20	360	12	—	—
A_3 和 AJ_3	380	18	400	10	—	—
A_4 和 AJ_4	420	17	440	8	—	—

无缝钢管具有强度高、内表面光滑、水力条件好的优点,适用于高压供热、空调系统和高层建筑的热、冷水管。一般在 0.6 MPa 气压以上的管路都应采用无缝钢管。在暖通空调工程中多用在锅炉房、热力站工艺管道、制冷与制冷站工艺管道,以及供热外网工程中。

2.焊接钢管

焊接钢管(如图 1-2 所示)因有焊接缝,常称为有缝钢管,是将易焊接的碳素钢板卷成管形后焊接而成。按焊接方法的不同,焊接钢管可分为对焊管、叠边焊管和螺旋焊接管,如图 1-3 所示。

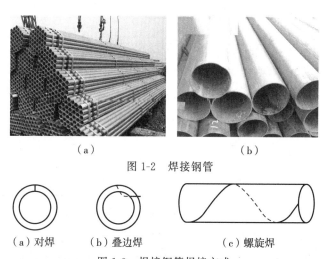

（a） （b）

图 1-2 焊接钢管

（a）对焊 （b）叠边焊 （c）螺旋焊

图 1-3 焊接钢管焊接方式

这种管材制造较简单,能承受一般要求的压力,因而也常称为普通钢管。水、燃气输送主要采用有缝钢管,故常常将有缝钢管称为水燃气管。由于铁钢和铁合金均称为黑色金属,所以焊接钢管又称为黑铁管(对无缝钢管不称为黑铁管)。将黑铁管镀锌后则称为白铁管或镀锌管,镀锌管能防锈蚀,可以保护水质,常用于生活饮用水管道、热水供应系统及消防喷淋系统。但由于其耐腐蚀性不够好,会出现黄水、红水等现象,造成二次污染。因此目前在室内给水管道中已禁止使用冷镀锌和热镀锌钢管,现多用在消防给水、室内采暖和空调系统中。

有缝钢管根据壁厚可分为一般管及加厚管,低压流体输送用焊接钢管及镀锌钢管的规格见表1-7所列。有缝钢管质量检验标准与无缝管的检验标准相同。有缝管内外表面的焊缝应平直光滑,符合强度标准,焊缝不得有开裂现象。镀锌管的锌层应完整和均匀。两头带有圆锥状螺纹的黑铁管及镀锌管的长度一般为4～9 m,并带一个管接头(管箍)。无螺纹的黑铁管长度为4～12 m。

表1-7 低压流体输送用焊接钢管及镀锌管规格(节选自 GB/T 3091—2015)

公称口径/mm	外径/mm	壁厚/mm	
		普通钢管	加厚钢管
6	10.2	2.0	2.5
8	13.5	2.5	2.8
10	17.2	2.5	2.8
15	21.3	2.8	3.5
20	26.9	2.8	3.5
25	33.7	3.2	4.0
32	42.4	3.5	4.0
40	48.3	3.5	4.5
50	60.3	3.8	4.5
65	76.1	4.0	4.5
80	88.9	4.0	5.0
100	114.3	4.0	5.0
125	139.7	4.0	5.5
150	165.1	4.5	6.0
200	219.1	6.0	7.0

注:1. 轻型管壁厚比表中一般管的壁厚小0.75 mm,不带螺纹,宜于焊接。

2. 镀锌管(白铁管)比不镀锌钢管重量大3%～6%。

黑、白铁管是以公称通径标称的,其最大的通径为150 mm(6 in)。此外,还有大口径的卷焊钢管,管径的大小和管壁的厚薄根据需要用钢板卷制成直缝管或螺纹缝管。直缝卷焊钢管长度一般为6～10 m,螺纹卷焊钢管长度为8～18 m,壁厚$\delta > 7$ mm。

焊接钢管所能承受的水压试验压力:一般管和轻型管为2 MPa,加厚钢管为2.5 MPa。

集中采暖系统及燃气管路的工作压力一般不超过0.4 MPa。因此,采用普通焊接钢管最为合适,它易于加工、连接,而且经济。

卷焊钢管一般应用于供热网及燃气网的管路,它的管径及承受试验压力见表1-8所列。

表 1-8　卷焊钢管管径及承受试验压力

管径/mm	245	273	299	325	351	377	426	478	529	630	720
试验压力/MPa	8.6	7.6	6.9	6.4	5.9	5.4	4.8	4.3	3.8	3.2	2.8

1.2.2　铜管

　　常用铜管(如图 1-4 所示)有紫铜管(纯铜管)和黄铜管(铜合金等)两种。紫铜管主要由 12、13、T4、TUP(脱氧铜)制造,黄铜管主要由 H62、H68、HPb59-1 等牌号的黄铜制造。铜及铜合金管可用于制氧、制冷、空调、高纯水设备、制药等管道,也可用于现代高档次建筑的给水、热水供应管道等无缝铜水管和铜气管的牌号、状态和规格详见表 1-9 所列。根据制造方式,铜管有拉制铜管和挤制铜管之分,一般中、低压采用拉制管。根据材料不同,可分为紫铜管、黄铜管和青铜管。因为铜的导热性能好,紫铜管和黄铜管多用于热交换设备中。青铜管主要用于制造耐磨、耐腐蚀和高强度的管件或弹簧管。铜管连接可采用焊接、胀接、法兰连接和螺纹连接等。焊接应严格按照焊接工艺要求进行,否则极易产生气泡和裂纹。因为有良好的延展性,铜管也常采用胀接和法兰翻边连接;厚壁铜管可采用螺纹连接。铜管的规格用外径×壁厚表示。

图 1-4　铜管

表 1-9　常用铜管的牌号、状态和规格(节选自 GB/T 17791—2017)

牌号	状态	种类	规格/mm		
			外径	壁厚	长度
TU0	—	直管	3.0～54	0.25～2.0	400～10 000
TU1	拉拔硬(H80)				
TU2	软拉(H55)				
TP1	表面硬化(O60-H)	盘管	3.0～32	0.25～2.0	—
TP2	轻退火(O50)				
T2	软化退火(O60)				
QSn0.5-0.25	—				

1.2.3 塑料管

塑料管是以聚乙烯树脂为主要原料,加入增塑剂、稳定剂、润滑剂、颜料和填料等,经过混炼、捏合,最后加工成型材;也可采用注塑、挤压、焊接等多种方法制成管材、棒材和板材;又可靠改变增塑剂的份量而使其具有硬质、半硬质和软质材料的性能。

与金属材料比较,聚氯乙烯塑料具有良好的耐腐蚀性、化学稳定性和一定的机械力学性能,价格低,水力学性能好,同时比重轻,可进行机械加工和热加工,施工方便,所以广泛应用于给排水工程中。而且,当前已有专供输送热水使用的塑料管,其使用温度可达 95 ℃。塑料管的缺点是强度低、易老化、不耐高温。塑料管材主要包括聚氯乙烯系列管、聚烯烃系列管、钢(铝)塑复合管、ABS、玻璃钢管材等。塑料管材具有重量轻、耐腐蚀、表面光滑、安装方便、价格低廉等优点。它是新兴的材料,在建筑设备安装工程中逐渐被广泛应用于暖通空调系统的管道中。

1. 硬聚氯乙烯管(PVC-U 管)

硬聚氯乙烯是以高分子合成树脂为主要成分的有机材料。按照用途,它可以分为硬聚氯乙烯给水管和排水管两种。

(1)给水用硬聚氯乙烯管

给水用硬聚氯乙烯管(如图 1-5 所示)是以 PVC 树脂为主,加入符合标准的必要添加剂混合料加热挤压而成。管道执行《给水用硬聚氯乙烯(PVC-U)管材》(GB/T 10002.1—2006)标准。该管材用于输送温度不超过 45 ℃的水,包括一般用水和饮用水,输送饮用水的管材不得对水产生气味、味道和颜色,水质符合卫生指标,并能保证长期符合卫生标准。

图 1-5 给水用硬聚氯乙烯管

给水用硬聚氯乙烯管的公称压力 PN 和管材规格见表 1-10 所列,管子长度一般为 4 m、6 m、8 m、12 m,也可由供需双方商定。塑料管的公称直径一般为外径尺寸,与钢管不同。公称直径≤32 mm 时,对管子弯曲度不做规定;公称直径为 40～200 mm 时,弯曲度≤1.0%;公称直径≥225 mm 时,弯曲度≤0.5%。给水用硬聚氯乙烯管的连接形式分为弹性密封圈连接、溶剂粘接以及螺纹或法兰连接。

表1-10 给水用硬聚氯乙烯管材规格

公称直径 DN(外径 d)/mm	壁厚 δ/mm				
	公称压力 PN				
	0.6 MPa	0.8 MPa	1.0 MPa	1.25 MPa	1.6 MPa
20					2.0
25					2.0
32				2.0	2.4
40			2.0	2.4	3.0
50		2.0	2.4	3.0	3.7
63	2.0	2.5	3.0	3.8	4.7
75	2.2	2.9	3.6	4.5	5.6
90	2.7	3.5	4.3	5.5	6.7
110	3.2	3.9	4.8	5.7	7.2
125	3.7	4.4	5.4	6.0	7.4
140	4.1	4.9	6.1	6.7	8.3
160	4.7	5.6	7.0	7.7	9.5
180	5.3	6.3	7.8	8.6	10.7
200	5.9	7.3	8.7	9.6	11.9

(2)排水用硬聚氯乙烯管

以聚氯乙烯为主要原料,经挤压成型的无压埋地排污、排水用硬聚氯乙烯管材执行《无压埋地排污、排水用硬聚氯乙烯(PVC-U)管材》(GB/T 20221—2006)。该管材除用作排除生活污水管子外,在考虑到耐化学性和耐热性条件下,也可用于工业用无压埋地排污管材。管材长一般为5 m。管材壁厚按环刚度分为2、4、8三级,并相应用管材系列S25、S20、S16.7表示。管材规格用 d_n(外径)× δ(公称壁厚)表示。管材外径和壁厚见表1-11所列。

表1-11 管材外径和壁厚

公称直径 DN(外径 d)/mm	公称壁厚/mm		
	刚度等级		
	2	4	8
	管材系列		
	S25	S20	S16.7
110		3.2	3.2
125	3.2	3.2	3.7
160	3.2	4.0	4.7
200	3.9	4.9	5.9
250	4.9	6.2	7.3
315	6.2	7.7	9.2
400	7.8	9.8	11.7
500	9.8	12.3	14.6
630	12.3	15.4	18.4

2.耐高温聚乙烯-丁烯阻氧管（PE-RT 管）

PE-RT 是采用特殊的分子设计和合成工艺生产的一种中密度聚乙烯。采用乙烯和辛烯共聚的方法,通过控制侧链的数量和分布得到独特的分子结构,从而提高 PE 的耐热性。PE-RT 管(如图 1-6 所示)具有以下优点:

(1)具有良好的稳定性和长期的耐压性能——管材匀质性好,性能稳定,具有良好的抗热蠕变性能、优良的长期耐静液压能力;

(2)管道易于弯曲,方便施工——弯曲半径小(R 最小等于 $5D$),弯曲部分的应力可以很快得到松弛,可避免在使用过程中由于应力集中而引起管道在弯曲处出现破坏;

(3)可热熔连接,因而管道在应用过程中如果损坏维修起来方便;

(4)抗冲击性能好,安全性高,低温脆裂温度可达 70 ℃,可在低温环境下运输、施工;

(5)耐老化、寿命长——由于 PE-RT 材料的优良特性,在工作温度为 70 ℃,压力为 0.8 MPa 条件下,PE-RT 管可安全使用 50 年以上;

(6)加工工艺方便,质量易于控制;

(7)具有良好的环保性——废管可熔化,可回收。

近年来,PE-RT 管发展较快,已被广泛应用于低温热水地板采暖系统中。PE-RT 管 S 系列的选择见表 1-12 所列。

表 1-12　PE-RT 管 S 系列的选择

设计压力/MPa	级别 1	级别 2	级别 3	级别 4
0.4	6.3	5.0	6.3	5.0
0.6	5.0	3.2	5.0	3.2
0.8	3.2	2.5	4.0	2.5
1.0	2.5	—	—	—

图 1-6　PE-RT 管

3. 交联聚乙烯管(PE-X 管)

PE-X 管(如图 1-7 所示)由于具有很好的卫生性和综合力学物理性能,被视为新一代的绿色管材。交联聚乙烯管是以高密度聚乙烯为主要原料,通过高能射线或化学引发剂将大分子结构转变为空间网状结构材料制成的管材。管材的内外表面应光滑、平整、干净,不能有可能影响产品性能的明显划痕、凹陷、气泡等缺陷。管壁应无可见的杂质,管材表面颜色应均匀一致,不允许有明显色差。管材端面应切割平整,并与管材的轴线垂直。PE-X 管具有以下特点:

(1)适用温度范围广,可在 −75~95 ℃下长期使用;

(2)质地坚实、有韧性,抗内压强度高,95 ℃下使用寿命长达 50 年;

(3)耐腐蚀、无毒、不霉变、不生锈,管材内壁的张力低,使表面张力较高的水难以浸润内壁,可以有效地防止水垢的形成;

(4)管材内壁光滑,流体流动阻力小,水力学特性优良,在相同的管径下,输送流体的流通量比金属管材大,噪声也较低;

(5)管材的导热系数远低于金属管材,因此其隔热性、保温性能优良,用于供热系统时,不需保温,热损失小;

(6)良好的记忆性能,当 PE-X 管被加热到适当温度(小于 180 ℃)会变成透明状,再冷却时会恢复到原来的形状,即在使用过程中任何错误的弯曲都可以通过热风枪加以矫正,使用起来更加自如;

(7)该材料质量轻,搬运方便,安装简便,非专业人员也可以顺利安装,安装工作量不到金属管安装量的一半。

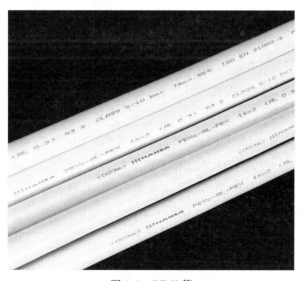

图 1-7　PE-X 管

交联聚乙烯管主要应用在建筑冷热水、饮用水、食品工业中液体食品输送系统、中央空调系统、低温地板辐射采暖系统、太阳能热水器系统等领域,还可以用在电信、电气用配管,电镀、石化等工业管道系统。交联聚乙烯管的线膨胀系数要比金属管材大得多,安装时要留有足够的伸缩空间。交联聚乙烯管的规格见表1-13所列。

表1-13 交联聚乙烯管(PE-X管)规格

公称尺寸 /mm	壁厚 /mm	长度		主要技术指标	质量/(kg/m)
		盘管/m	直管/m		
16	2	150~300	5.8~6	交联度(%):65~75	0.083 6
20	2	150~200	5.8~6	输水压力/MPa:<4	0.107 35
25	2.3	150~200	5.8~6	摩擦系数:0.08~0.1	0.158 8
32	3.0	—	5.8~6	内部95°1000h/MPa:6~4.7	0.251 75
40	3.7	—	5.8~6	抗压性95°1000h/MPa:<4.4	0.400 9
50	4.6	—	5.8~6	软化温度/℃:≤133	0.623 3
63	5.8	—	5.8~6	使用温度范围/℃:−100~+100	1.005 5
75	6.9	—	5.8~6	抗拉强度100℃/(N/mm²):9~13	1.456

注:PE-X管的最大尺寸可达公称外径×壁厚=110 mm×10 mm,但需要订购。

4.无规共聚聚丙烯管(PP-R管)和聚丁烯管(PB管)

(1)无规共聚聚丙烯管(PP-R管)

PP-R管(如图1-8所示)是20世纪80年代末90年代初发展起来的新兴管材,可用于建筑冷热水系统、空调系统、低温采暖系统等领域。PP-R管按安全系数C值不同有C=1.25和 C=1.5两大类;按管材尺寸分为S5、S4、S3.2、S2.5和S2五个管材系列;管材规格用公称外径×壁厚表示。公称外径一般为16~160 mm,管长度一般为4 m或6 m。其规格见表1-14和表1-15所列。它无毒卫生、安装方便,具有良好的机械性能、很高的拉伸屈服强度和抗冲性能,物料可回收利用。在采暖工程里,由于其具有良好的热熔接性能,接口采用热熔技术,所以一旦安装打压测试通过,不会再漏水,可靠性高。虽然可以用于输送热介质,但是其耐高温性、耐压性稍差,长期工作温度不能超过70 ℃。S3.2和S2.5系列以上的PP-R管在工作温度70 ℃,工作压力为1.0 MPa的条件下,使用寿命为50年以上;常温(20 ℃)条件下的使用寿命可以达到100年。

表1-14 PP-R管规格(1)

管材系列	S5		S4		S3.2		S2.5		S2	
安全系数	1.25	1.5	1.25	1.5	1.25	1.5	1.25	1.5	1.25	1.5
公称压力 PN/MPa	1.25	1.0	1.6	1.25	2.0	1.6	2.5	2.0	3.2	2.5

表 1-15　PP-R 管规格(2)

| 公称外径/mm | 公称壁厚/mm | | | | |
| | 管材系列 | | | | |
	S5	S4	S3.2	S2.5	S2
16	—	2.0	2.2	2.7	3.3
20	2.0	2.3	2.8	3.4	4.1
25	2.3	2.8	3.5	4.2	5.1
32	2.9	3.6	4.4	5.4	6.5
40	3.7	4.5	5.5	6.7	8.1
50	4.6	5.6	6.9	8.3	10.1
63	5.8	7.1	8.6	10.5	12.7
75	6.8	8.4	10.3	12.5	15.1
90	8.2	10.1	12.3	15.0	18.1
110	10.0	12.3	15.1	18.3	22.1
125	11.4	14.0	17.1	20.8	25.1
140	12.7	15.7	19.2	23.3	28.1
160	14.6	17.9	21.9	26.6	32.1

(2)聚丁烯管(PB 管)

PB 管(如图 1-9 所示)是用聚丁烯合成的高分子聚合物制成的管材,是较早用于低温热水地板辐射采暖、冷热水输送的管材,其缺点是成本较高。

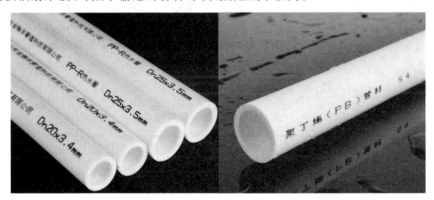

图 1-8　PP-R 管　　　　　　　　　图 1-9　PB 管

1.2.4　复合管材

复合管材是管径≥300 mm 以上给排水管道最理想的管材,它兼有金属管材强度大、刚性好和非金属管材耐腐蚀的优点。但目前发展较缓慢,其主要原因是:两种管材组合的复合管材的价格比单一管材的价格高;两种材质热膨胀系数相差较大,如黏合不牢固而环境温度和介质温度变化又较剧烈,容易脱开,而导致质量下降。

复合管的连接宜采用冷加工方式,热加工方式容易造成内衬塑料的伸缩、变形乃至熔化。一般有螺纹、卡套、卡箍等连接方式。

由于复合管尚属新型管材,我国还未有统一的设计、施工及验收规范。设计及施工人员往往套用镀锌管的工艺来进行设计与施工。下面重点介绍铝塑复合管和钢塑复合钢管。

1. 铝塑复合管(PAP 管)

PAP 管是一种集金属与塑料优点为一体的新型管材,其结构和外形如图 1-10 所示。它由 5 层材料复合而成,由内向外分别为:PE 塑料内层、内胶粘层、薄铝板焊接管、外胶粘层、PE 塑料外层。铝塑复合管的结构决定了这种管材兼有塑料管与金属管的特点。化学性能稳定的 PE 塑料内外层与外界接触,避免了金属铝层与外界直接接触而被腐蚀;而 PE 塑料在内外层、强度较好的金属层在中间位置的管材结构,又可增强管材的强度和塑性。PAP 管主要用作建筑用冷热水管、采暖空调管、城市燃气管、压缩空气管、特殊工业管及电磁波隔断管。

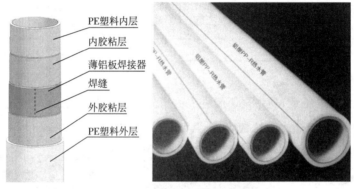

图 1-10　PAP 管

常用铝塑复合管规格见表 1-16 所列。

表 1-16　铝塑复合管规格

规格代号	公称直径 /mm	外径/mm		内径/mm	壁厚/mm		质量/(kg/个)
		最小值	偏差		最小值	偏差	
1014	12	14	+0.3	10	1.60	+0.4	0.092
1216	15	16	+0.3	12	1.65	+0.4	0.121
1418	18	18	+0.3	14	1.90	+0.4	0.145
1620	20	20	+0.3	16	1.90	+0.4	0.154
2025	25	25	+0.3	20	2.25	+0.5	0.227
2632	32	32	+0.3	26	2.90	+0.5	0.394
3240	40	40	+0.4	32	4.00	+0.6	0.516
4150	50	50	+0.5	41	4.50	+0.7	0.806

2.钢塑复合管(SP 管)

SP 管(如图 1-11 所示)是采用热胀法工艺在热镀锌焊接钢管内衬聚乙烯(PE)、交联聚乙烯(PEX)、聚丙烯(PP)等塑料制成,并借以胶圈或厌氧密封胶来止水防腐,可与衬塑可锻铸铁管件、涂(衬)塑钢管件配套使用。钢塑复合管的性能是将钢管的强度高、刚性好、耐高压等优点与塑料的耐腐蚀、不结垢、内壁光滑、流体阻力小等优点复合为一体,使其既承压又耐蚀,从而克服了钢管与塑料管单独使用时的诸多缺陷,是代替镀锌钢管的理想管材。用聚乙烯粉末涂覆于钢管内壁的涂塑钢管可在 $-30\sim55$ ℃下使用;环氧树脂涂塑钢管的使用温度高达 100 ℃,可用作热水管道。钢塑复合管除用于建筑冷热水、采暖及空调管道系统外,还广泛用于化工和石油工业等领域。

图 1-11　SP 管

钢塑复合管主要分为涂塑复合钢管与衬塑复合钢管两大类。

(1)涂塑复合钢管

涂塑复合钢管的优异性能:①安全卫生、价格低廉;②良好的防腐性能,且耐酸、耐碱、耐高温,强度高,使用寿命长;③优越的耐冲击机械性能;④介质流动阻力低于钢管 40%。

常用规格有公称通径 DN15～DN150 共 10 多种。涂塑复合钢管的连接方式有管螺纹、法兰和沟槽式 3 种。

(2)衬塑复合钢管

衬塑复合钢管的主要性能与涂塑复合钢管的比较类似。衬塑复合钢管的导热系数低,可节省保温与防结露的材料厚度。另外,同外管径条件下,过水断面小,水流损失与流速均增大。常用规格有公称通径 DN15～DN150 共 10 多种。

1.3 管 件

1.3.1 钢管常用管件

在水、暖、燃气输送系统中,管路除直通部分外,还要分支转弯和变换管径,因此就要有各种不同形式的管子配件与管子配合使用。尤其是小管径螺纹连接的管子,其配件种类较多。对于大管径的管子,可采用焊接法连接,配件种类就减少了很多。本节重点介绍用于螺纹连接的管子配件,如三通、弯头、大小头、活接头等。

管子配件主要用可锻铸铁(俗称玛铁或韧性铸铁)或软钢制造而成。管件的材质要求密实坚固并有韧性,便于机械切削加工。管件也分黑铁与白铁两种,黑铁管件经镀锌处理后称为白铁管件。

常用管件如图 1-12 所示。

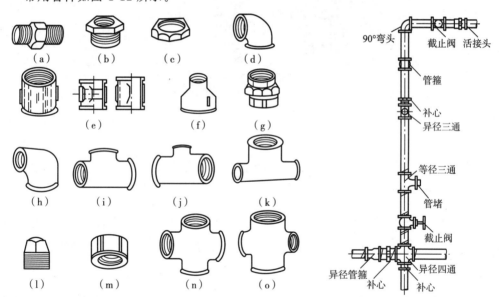

(a)外螺纹接头;(b)内外螺母(补心);(c)锁紧螺母;(d)弯头;(e)管接头(管箍);(f)异径管接头;
(g)活接头;(h)异径弯头;(i)三通;(j)中小三通;(k)中大三通;(l)管堵;(m)管帽;(n)四通;(o)异径四通。

图 1-12 管子配件

管件按照用途,可分为以下几种:

(1)管路延长连接用配件:管箍、外丝(内接头);

(2)管路分支连接用配件:三通(丁字管)、四通(十字管);

(3)管路转弯用配件:90°弯头、45°弯头;

(4)节点碰头连接用配件:根母(六方内丝)、活接头(由任)、带螺纹法兰盘;

(5)管子变径用配件:补心(内外丝)、异径管箍(大小头);

(6)管子堵口用配件:丝堵、管堵头。

在管路连接中,法兰盘既能用于钢管,也能用于铸铁管;既可以螺纹连接,也可以焊接;既可以用于管子延长连接,也可作为节点碰头连接用;所以它是一个多用处的配件。法兰盘的规格标准将在下一章详述。

管子配件的规格和其相应的管子是一致的,是以公称通径标称的。同一种配件有同径和异径之分,例如三通管分为同径和异径两种。同径管件规格的标志可以用一个数值表示,也可以用三个数值表示,如规格为 25 的同径三通可以写为⊥25,或写为⊥25×25×25。异径管件的规格通常要用两个管径数值表示,前一个数表示大管径,后一个数表示小管径,如异径三通⊥25×15,异径大小头▷32×20。对各种管件的规格组合可按表 1-17 确定。

从表 1-17 中可知,公称通径 15～100 mm 的管件中,同径管件共有 9 种,异径管件组合规格共有 36 种。

管子配件的试压标准:可锻铸铁配件应承受公称压力为 0.8 MPa,软钢配件应承受公称压力为 1.6 MPa。

管子配件的内螺纹应端正整齐无断丝,壁厚均匀一致,外形规整,材质严密无砂眼。

表 1-17 管子配件的规格排列表

同径管件/mm	异径管件/mm							
15×15								
20×20	20×15							
25×25	25×15	25×20						
32×32	32×15	32×20	32×25					
40×40	40×15	40×20	40×25	40×32				
50×50	50×15	50×20	50×25	50×32	50×40			
65×65	65×15	65×20	65×25	65×32	65×40	65×50		
80×80	80×15	80×20	80×25	80×32	80×40	80×50	80×65	
100×100	100×15	100×20	100×25	100×32	100×40	100×50	100×65	100×80

1.3.2 非金属管件

1.塑料管管件

塑料管管件主要用于塑料管道的连接,各种功能和形式与前述各种管件相同。但由于连接方式不同,塑料管管件可大致分为熔接、承插连接、粘接和螺纹连接 4 种。熔接管件一般用在给水及采暖 PP-R 管道的连接;承插连接管件多用于排水用陶土及水泥管道的连接;粘接管件用于排水用 PVC-U 管道的连接;螺纹连接管件一般用于给水用 PE 管道的连接,一般在内部有金属嵌件。

2.挤压头连接管件

这种管件内一般都设有卡环,管道插入管件内后,通过拧紧管件上的紧固圈,将卡环顶进管道与管件内的空隙中,起到密封和紧固作用。

1.4 板材和型钢

板材和型钢是暖通空调安装中的重要基础材料,被广泛地应用在制作风道及其配件、各种管道支吊架、设备固定支架等领域,用量仅次于管材。

1.4.1 金属板材

在安装工程中,金属薄板是一种用处较多的材料,如用于制作风管、气柜、水箱及围护结构。其板面应平整、光滑、无脱皮现象(普通薄钢板允许表面有紧密的氧化铁薄膜层),不得有裂缝、结疤及锈坑,厚薄均匀一致,边角规则呈矩形,有较好的延展性,适宜咬口加工。常用薄板分为普通钢板、镀锌钢板、塑料复合钢板、不锈钢板和铝板等几类。

1.普通薄钢板

普通薄钢板俗称黑铁皮,由碳素钢热轧而成。它具有良好的加工性能和机械强度,价格便宜,应用广泛。但其表面易生锈,故在使用前应刷油防腐。常用厚度为 0.5～1.5 mm 的薄板制作风管及部件,用厚度为 2～4 mm 的薄板制作空调机、水箱、气柜等。

2.镀锌钢板

镀锌钢板俗称白铁皮,由普通钢板镀锌后制成。其表面已有镀锌保护层起防锈作用,一般不再刷防锈漆。镀锌钢板常用于输送不受酸雾作用的潮湿环境中的通风、空调系统的风管及其配件、部件的制作。

3.塑料复合钢板

塑料复合钢板是将普通薄钢板表面喷涂一层 0.2～0.4 mm 厚的塑料制成的。它具有较好的强度和耐腐蚀性能,所以常用于防尘要求较高的空调系统和温度在 −10～70 ℃ 以下的耐腐蚀系统的风管制作。

4.不锈钢板

不锈钢板也称不锈耐酸钢板,在空气、酸性及碱性溶液或其他介质中有较高的化学稳定性,即使在高温下也具有耐酸碱腐蚀能力。不锈钢板制成的风管及其部件常用于化工、食品、医药、电子、仪表等工业通风系统和有较高净化要求的送风系统,印刷行业为排除含有水蒸气的排风系统也使用不锈钢板来加工风管。因其硬度较高,当厚度大于1 mm时,加工比较困难,需用电弧焊或圆弧焊焊接连接。为了不影响不锈钢板的表面质量——主要是耐腐蚀性能,一定要注意在加工和堆放时,表面不能有划伤或挠毛,避免与碳素钢材接触,以保护其表面形成的钝化膜不受破坏。所以,不锈钢板价格高出镀锌钢板10倍以上。用不锈钢板制作风管及其配件的选用厚度见表1-18所列。

表 1-18　不锈钢风管厚度

圆管直径或矩形管长边尺寸/mm	板材厚度/mm
100～500	0.5
560～1120	0.75
1250～2000	1.0

5.铝板

铝板有钝铝和合金铝两种,用于通风空调工程的铝板以纯铝居多。铝板质轻、表面光洁,加工性能好,适宜咬口连接,有良好的耐腐蚀性和传热性能,在摩擦时不会产生火花,常用于化工工程通风系统和防爆通风系统的风管及其部件。铝板表面的氧化膜可防止外部的侵蚀,要注意保护,避免刻划和拉毛,放样划线时不得使用划针。当铝板与碳素钢材长时间接触后,会发生电化学腐蚀,降低铝板的耐腐蚀性能,所以铝板铆接加工时不能用碳素钢铆钉代替铝铆钉。铝板风管用角钢作法兰时,必须做防腐绝缘处理(如镀锌或喷漆)。铝板焊接后,应用热水洗刷焊缝表面的焊渣残药。用铝板制作风管及其配件的选用厚度见表1-19所列。

表 1-19　铝板风管厚度

圆管直径或矩形管长边尺寸/mm	板材厚度/mm
100～320	1.0
360～630	1.5
700～2000	2.0

金属薄板的规格通常是用短边、长边以及厚度3个尺寸来表示,如1000 mm×2000 mm×1.2 mm。通风工程中常用的薄钢板厚度是0.5～4 mm,常用的规格是750 mm×1800 mm、900 mm×1800 mm和1000 mm×2000 mm,见表1-20所列。

表 1-20　热压薄钢板尺寸

钢板厚度/mm	钢板宽度/mm（上）/ 钢板长度/mm（下）												
	500	600	710	750	800	850	900	950	1000	1100	1250	1400	1500
0.35,0.4	1000	1200	1000	1000	1500	1700	1500	1500					
0.45,0.5	1500	1500	1420	1500	2000	2000	1800	1900	1500				
0.55,0.6	2000	1800	2000	1800			2000	2000	2000				
0.7,0.75		2000		2000									
0.8,0.9	1000	1200	1420	1500	1500	1500	1500	1500	1500				
				1800	2000	1700	1800	1800	2000				
	1500	1420	2000	2000		2000	2000	2000					
1.0,1.1	1000	1200	1000	1000	1500	1500	1000	1500	1500				
1.2,1.25	1500	1420	1420	1500	2000	1700	1500	1900	2000				
1.4,1.5	2000	2000	2000	1800		2000	1800	2000					
1.6,1.8				2000		2000							
2.0,2.2	500	600	1000	1500	1500	1500	1000	1500	1500	2200	2500	2800	3000
2.5,2.8	1500	1200	1420	1800	2000	1700	1500	1900	2000	3000	3000	3000	4000
	2000	1500	2000	2000		2000	1800	2000	3000	4000	4000	4000	
								2000					
3.0,3.2	500	600	1420	1000	1500	1500	1000	1500	2000	2200	2500	2800	3000
3.5,3.8	1000	1200	2000	15000	2000	1700	1500	1900	3000	3000	3000	3000	3500
4.0				1800		2000	2000	2000	4000	4000	4000	3500	4000
				2000		2000						4000	

　　风管钢板厚度一船由设计给定,如设计图纸未注明时,一般送排风系统可参照表1-21 选用,除尘系统参照表 1-22 选用;薄钢板的理论重量见表 1-23 所列。

表 1-21　一般送排风风管钢板最小厚度

矩形风管最长边或圆形风管直径/mm	钢板厚度/mm		
	输送空气		输送烟气
	风管无加强构件	风管有加强构件	
<450	0.5	0.5	1.0
450～1000	0.8	0.6	1.5
1000～1500	1.0	0.8	2.0
>1500	根据实际情况		

注:排除腐蚀性气体,风管壁厚除满足强度要求外,还应考虑腐蚀余量,风管壁厚一般不小于 2 mm。

表1-22 除尘系统风管用钢板最小厚度

风管直径/mm	钢板厚度/mm					
	一般磨料		中硬度磨料		高硬度磨料	
	直管	异型管	直管	异型管	直管	异型管
<200	1.0	1.5	1.5	2.5	2.0	3.0
200~400	1.25	1.5	1.5	2.5	2.0	3.0
400~600	1.25	1.5	2.0	3.0	2.5	3.5
>600	1.5	2.0	2.0	3.0	3.0	4.0

注:1.吸尘器及吸尘罩的钢板用2 mm。

2.一般磨料系指木工锯屑、烟丝和棉麻尘等。

3.中硬度磨料系指砂轮机尘、铸造灰尘和煤渣尘等。

4.高硬度磨料系指矿石尘、石英粉尘等。

表1-23 钢板理论重量报表

钢板厚度/mm	理论重量/(kg/m²)	钢板厚度/mm	理论重量/(kg/m²)	钢板厚度/mm	理论重量/(kg/m²)
0.10	0.785	0.75	5.888	2.0	15.70
0.20	1057	0.80	6.28	2.5	19.63
0.30	2.355	0.90	7.065	3.0	23.55
0.35	2.748	1.00	7.85	3.5	27.48
0.40	3.14	1.10	8.635	4.0	21.4
0.45	3.533	1.20	9.42	4.5	35.33
0.50	3.925	1.25	9.813	5.0	39.25
0.55	4.318	1.40	10.99	5.5	43.18
0.60	4.17	1.50	11.78	6.0	47.10
0.70	5.495	1.80	14.13	7.0	54.95

1.4.2 非金属板材

1.玻璃钢

玻璃钢是由玻璃纤维(玻璃布)与合成树脂组成的一种轻质高强度的复合材料,具有较好的耐腐蚀性、耐火性和成型工艺简单等优点。在纺织、印染等行业中,广泛用于排除带有腐蚀性气体的通风系统。

玻璃钢的强度好,但刚度较差,在选用壁厚时主要考虑满足刚度要求。用玻璃钢制作风管和配件的选用厚度见表 1-24 所列。

表 1-24　玻璃钢风管厚度

圆管直径或矩形管长边尺寸/mm	壁厚/mm	圆管直径或矩形管长边尺寸/mm	壁厚/mm
≤200	1.0~1.5	800~1000	2.5~3.0
250~400	1.5~2.0	1250~2000	3.0~3.5
500~630	2.0~2.5		

玻璃钢风管管段或配件采用法兰连接。为了保证质量,在加工风管或配件时,就应连同两端的法兰一起加工成型,使其连成一整件。法兰与风管轴线垂直,法兰平面的不平度允许偏差不应大于 2 mm。

2. 硬聚氯乙烯板

硬聚氯乙烯板通称硬塑料板,由聚氯乙烯树脂加稳定剂和增塑剂热压加工制成。硬聚氯乙烯板对各种酸碱类的作用均很稳定,但对强氧化剂如浓硝酸、发烟硫酸和芳香族碳氢化合物,以及氮化碳氢化合物不稳定。其膨胀系数小,导热系数 λ 也不大,$\lambda = 0.15$ W/(m·K)。

由于硬聚氯乙烯板具有一定强度和弹性,耐腐蚀性良好,又便于加工成型,所以使用范围相当广泛。在通风工程中,采用硬聚氯乙烯板制作风管及其配件,以及加工风机,绝大部分是用于输送含有腐蚀性气体的系统。但硬聚氯乙烯板的热稳定性较差,有其一定的适应范围,一般在 −10~60 ℃。如温度再高,其强度反而下降,而温度过低它又会变脆易断。

硬聚氯乙烯板表面应平整、无伤痕,不得含有气泡,厚薄均匀,无离层现象。用硬聚氯乙烯板制作风管及其配件的选用厚度及制作允许偏差见表 1-25、表 1-26 所列。

表 1-25　圆形硬质聚氯乙烯板风管厚度

圆风管直径 /mm	板材厚度 /mm	外径允许偏差 /mm	圆风管直径 /mm	板材厚度 /mm	外径允许偏差 /mm
100~320	3	−1	700~1000	5	−2
360~630	4	−1	1120~2000	6	−2

表 1-26 矩形硬质聚氯乙烯风管允许偏差

矩形风管长边 /mm	板材厚度 /mm	外边长允许偏差 /mm	矩形风管长边 /mm	板材厚度 /mm	外边长允许偏差 /mm
120～320	3	−1	1100～1250	6	−2
400～500	4	−1	1600～2000	8	−2
630～800	5	−2			

1.4.3 型钢

在暖通空调工程中,型钢主要用于设备框架、风管法兰盘、加固圈,以及管路的支、吊、托架等。常用型钢种类有圆钢、扁钢、角钢、槽钢和工字钢等。其断面图如图 1-13 所示。

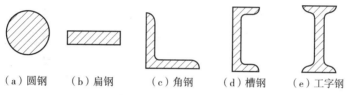

（a）圆钢　　（b）扁钢　　（c）角钢　　（d）槽钢　　（e）工字钢

图 1-13 常用型钢断面图

扁钢和角钢主要用于制作风管法兰、加固圈和管道支架等。扁钢的规格以宽度×厚度表示,如 20 mm×4 mm 扁钢,常用规格见表 1-27 所列。角钢分为等边角钢和不等边角钢,风管法兰及管路支架多采用等边角钢,它的规格以边宽×厚度表示,如 40 mm×40 mm×4 mm 角钢,常用规格见表 1-28 所列。

表 1-27 扁钢规格和质量

厚度/mm	宽度/mm																
	10	12	14	16	18	20	22	25	28	30	32	35	40	45	50	55	60
	理论质量/(kg/m)																
3	0.24	0.28	0.33	0.38	0.42	0.47	0.52	0.59	0.66	0.71	0.75	0.82	0.94	1.06	1.18	—	—
4	0.31	0.38	0.44	0.50	0.57	0.63	0.69	0.79	0.88	0.94	1.01	1.10	1.26	1.41	1.57	1.73	—
5	0.39	0.47	0.55	0.63	0.71	0.79	0.86	0.98	1.10	1.18	1.25	1.37	1.57	1.73	1.96	2.16	2.36
6	0.47	0.57	0.66	0.75	0.85	0.94	1.04	1.18	1.32	1.41	1.50	1.65	1.88	2.12	2.36	2.59	2.83
7	0.55	0.66	0.77	0.88	0.99	1.10	1.21	1.37	1.54	1.65	1.76	1.92	2.20	2.47	2.95	3.02	3.30
8	0.63	0.75	0.88	1.00	1.13	1.26	1.38	1.57	1.76	1.88	2.01	2.20	2.51	2.83	3.14	3.45	3.77
9	—	—	—	1.15	1.27	1.41	1.55	1.77	1.98	2.12	2.26	2.47	2.83	3.14	3.53	3.89	4.24
10	—	—	—	1.26	1.41	1.57	1.73	1.96	2.20	2.36	2.54	2.75	3.14	3.53	3.93	4.32	4.71

注:通常长度为 3～9 mm。

表 1-28 等边角钢规格和质量

尺寸/mm		理论质量	尺寸/mm		理论质量
边宽	厚	/(kg · m⁻²)	边宽	厚	/(kg · m⁻¹)
20	3	1.145	56	3	2.624
20	4	0.889	56	4	3.446
25	3	1.459	56	5	4.251
25	4	1.124	56	6	6.568
30	3	1.373	63	4	3.907
30	4	1.786	63	5	4.822
36	3	1.656	63	6	5.721
36	4	2.163	63	8	7.469
36	5	2.654	70	4	4.372
40	3	1.852	70	5	5.397
40	4	2.422	70	6	6.406
40	5	2.976	70	7	7.398
45	3	2.088	70	8	8.373
45	4	2.736	75	5	5.818
45	5	3.369	75	6	6.905
45	6	3.985	75	7	7.976
50	3	2.332	75	8	9.030
50	4	3.059	75	10	11.089
50	5	3.770	80	5	6.211
50	6	4.465	80	8	9.658

注:通常长度为边宽 20～40 mm,长 3～9 mm;边宽 45～80 mm,长 4～12 mm。

　　槽钢主要用于箱体,柜体的框架结构和风机等设备的机座。规格用其高度的 1/10 数值表示其型号,槽钢的规格见表 1-29 所列。圆钢主要用于吊架拉杆、管道支架卡环,以及散热器托钩,其规格见表 1-30 所列。工字钢用于大型袋式除尘器的支吊架。

表 1-29　槽钢规格和质量

型号	尺寸/mm			理论质量/(kg·m⁻¹)	备注
	h	b	d		
5	50	37	4.5	5.44	
6.3	63	40	4.8	6.63	
8	80	43	5	8.04	
10	100	48	5.3	10	
12.6	126	53	5.5	12.37	通常长度:
14a	140	58	6	14.53	5~8 号
14b	140	60	8	16.73	5~12 mm;
16a	160	63	6.5	17.23	8~18 号
16b	160	65	8.5	19.74	5~19 mm;
18a	180	68	7	20.17	18 号以上
18b	180	70	9	22.99	6~19 mm
20a	200	73	7	22.63	
20b	200	75	9	25.77	

表 1-30　圆钢规格和质量

直径/mm	允许偏差/mm	理论质量/(kg/m)	直径/mm	允许偏差/mm	理论质量/(kg/m)
5.5	±0.2	0.186	20		2.47
6		0.222	22	±0.3	2.98
8		0.395	25		3.85
10		0.617	28		4.83
12	±0.25	0.888	32		6.31
14		1.21	36	±0.4	7.99
16		1.58	38		8.90
18		2.00	40		9.86

注:1.轧制的圆钢有盘条和直条两种。

2.盘条一般直径为 5~12 mm。直条长度:直径≤25 mm,长 4~10 mm;直径≥26 mm,长 3~9 mm。

1.5　阀门及其选用

管路系统应具备控制开启、关闭流体介质和控制流动速度,以及计量流量大小的功能,同时还应具备对流动介质的压力、温度等参数进行调节的功能,这些功能常常借助于不同的阀门(valve)装置来实现。阀门一般由阀体、阀瓣、阀盖、阀杆及手轮等部件组成。

1.5.1 阀门的分类

阀门分类方法很多,一般按其动作特点分为两大类:驱动阀门和自动阀门。驱动阀门是用手操纵或由其他动力操纵的阀门,如截止阀、节流阀、闸阀、旋塞阀等。自动阀门是借助于介质本身的流量、压力或温度参数发生的变化而自行动作的阀门,如止回阀、安全阀、浮球阀、减压阀、跑风阀、疏水器等。按承压能力,阀门可分为真空阀门、低压阀门、中压阀门、高压阀门、超高压阀门。一般暖通空调工程中所采用的阀门多为低压阀门。工业管道及大型电站锅炉采用中压、高压或超高压阀门。阀门按结构和用途分类见表 1-31 所列,按压力分类见表 1-32 所列。

表 1-31 阀门按结构和用途分类

名称	闸阀	截止阀	球阀	旋塞阀	节流阀
用途	接通或截断管路中的介质			接通或截断管路中的介质,调节介质流量	调节介质流量
传动方式	手动或电动、液动、直齿圆柱齿轮传动、锥齿轮传动	手动或电动	手动或电动、气动、电-液动、气-液动、蜗轮传动	手动	手动
连接形式	法兰、焊接、内螺纹	法兰、焊接、内(外)螺纹、卡套	法兰、焊接、内(外)螺纹	法兰、内螺纹	法兰、外螺纹、卡套

名称	止回阀	安全阀	减压阀	疏水阀
用途	阻止介质倒流	防止介质压力超过规定数值,以保证安全	降低介质压力	阻止蒸汽逸漏,并迅速排除管道及用热设备中的凝结水
传动方式	自动	自动	自动	自动
连接形式	法兰、内(外)螺纹、焊接	法兰、螺纹	法兰	法兰、螺纹

表 1-32 阀门按压力分类

低压阀	$PN \leqslant 1.6$ MPa
中压阀	1.6 MPa $< PN \leqslant 6.4$ MPa
高压阀	10 MPa $\leqslant PN \leqslant 100$ MPa
超高压阀	$PN > 100$ MPa

1.5.2 常用阀门介绍

1. 截止阀

截止阀是借助改变阀瓣与阀座间的距离即流体通道截面的大小,达到开启、关闭和调节流量大小的目的。为了减少水阻力,有些截止阀将阀体做成流线形或直流式。截止阀有螺纹和法兰接口两种形式。这种阀门的特点是结构简单,严密性较高,制造和维修方便。截止阀安装时要注意流体"低进高出"。但流体经过截止阀时要转弯改变流向"低进高出",水阻力较大,安装时要注意方向不能装反。它主要用于热水供应及高压蒸汽等严密性要求较高的管路中。

如图1-14(a)所示为筒形阀体的截止阀。阀门的阀体1为三通形筒体,其间的隔板中心有一圆孔,上面装有阀座5(又称密封圈)。阀杆3穿过阀盖2,其下端连接有阀瓣4。该阀瓣并非紧固于阀杆上,而是带有一点活动地与阀杆连接在一起,这样可以在阀门关闭时,阀瓣4能够正确地坐落在阀座5上而严密贴合,同时这样也可以减少阀瓣4与阀座5之间的磨损。阀杆3的上部有梯形螺纹,并旋入阀杆螺母6内,上端固定有操作手轮7。当手轮7逆时针方向转动时,阀门便开启;当手轮7顺时针方向转动时,阀门则关闭,所以改变阀瓣4与阀座5之间的距离,就是改变流体通道截面的大小,从而起到控制阀门开关程度的大小。为了避免介质从阀杆3与阀盖2之间的缝隙漏出,在阀盖2内填充有弹性填料8(又称盘根),借助于填料压盖9和两个螺栓的作用,将填料紧压在阀杆上而不致泄漏。

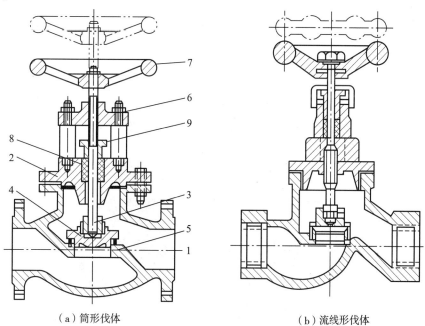

（a）筒形伐体　　　　　　（b）流线形伐体

1—阀体;2—阀盖;3—阀杆;4—阀瓣;5—阀座;6—阀杆螺母;7—操作手轮;8—填料;9—填料压盖。

图1-14 手动截止阀

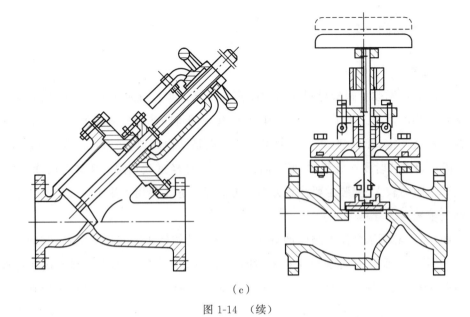

（c）

图 1-14 （续）

2. 闸阀

闸阀又称闸门或闸板阀,它是利用闸板升降来控制开闭的阀门,其构造如图 1-16 所示。这种阀门的特点:结构简单,阀体较短,流体通过阀门时流向不变,阻力小,安装时无方向要求,完全开启时,其阀板不受流动介质的冲刷磨损。但是其严密性较差,尤其启闭频繁时,易使闸板与阀座之间密封面受磨损;不完全开启时,水阻仍然较大。因此闸阀一般只作为截断装置,即用于完全开启或完全关闭的管路中,而不宜用于需要调节开度大小和启闭频繁的管路中。常用于冷、热水管道和大直径的蒸汽管路中不常开关的地方。

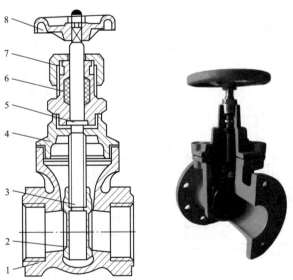

1—阀座;2—闸板;3—阀杆;4—阀盖;5—止推凸肩;6—填料;7—填料压盖;8—手轮。

图 1-15 闸阀

3. 止回阀

止回阀又名单流阀或逆止阀,它是根据阀瓣前后的压力差而自动启闭的一种阀门。它有严格的方向性,只许介质向一个方向流通,而阻止其逆向流动。其常用于不让介质倒流的管路上,如用于水泵出口的管路上作为水泵停泵时的保护装置。

根据结构不同,止回阀可分为升降式和旋启式,其构造如图 1-16 所示。升降式的阀体与截止阀的阀体相同,为使阀瓣 1 准确坐落在阀座上,在阀盖 2 上设有导向槽,阀瓣上有导杆,并可在导向槽内自由升降。当介质自左向右流动时,在压力作用下顶起阀瓣即成通路,反之阀瓣由于自重下落关闭,介质不能回流。升降式止回阀只能用在水平管道中。旋启式止回阀是靠阀瓣转动来启闭的,安装时应注意介质的流向(箭头所示),它在水平或垂直管路上均可应用。

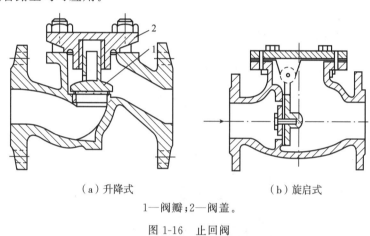

（a）升降式　　　　　　　　（b）旋启式

1—阀瓣；2—阀盖。

图 1-16　止回阀

4. 旋塞阀

旋塞阀又名考克或转心门。它主要由阀体和塞子(圆锥形或圆柱形)构成。如图 1-17(a)所示为扣紧式旋塞,在旋塞的下端有一螺帽,把塞子紧压在阀体内,以保证严密。旋塞塞子中部有一孔道,当旋转 90°时,即全开启或全关闭。为避免介质从塞子与阀体之间的缝隙渗漏,出现了填料式旋塞(如图 1-17(b)所示),这种旋塞严密性较好。

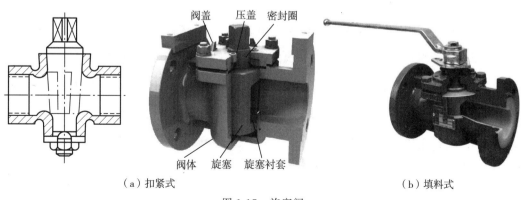

（a）扣紧式　　　　　　　　（b）填料式

图 1-17　旋塞阀

旋塞阀的特点:构造简单、开关迅速、阻力小、无安装方向要求;但启闭较费力,严密性较差,多用在压力、温度不高且管径较小的管道上。热水龙头也属旋塞阀的一种。

5.球阀

球阀由阀体和中间开孔的球形阀心组成,其构造如图1-18所示,靠旋转球体来控制阀的启闭。球阀只能全开或全关,不允许用作节流。带扳手的球阀,阀杆顶端上刻有沟槽,当顺时针方向转动扳手,使沟槽与管路平行时,为开启;当逆时针方向转动扳手90°,使沟槽与管路垂直时,则关闭。带传动装置的球阀,应按产品说明和规定使用。由于密封结构及材料的限制,目前生产的球阀不宜在高温介质中使用(介质最高温度在200 ℃)。

球形阀的特点:构造简单、体积较小、零部件少、重量较轻、开关迅速、阻力小。由于阀芯是球体,制造精度要求高,加工工艺难度大,但严密性和开关性能都比旋塞阀好。目前,球阀发展得较快,有替代截止阀的趋势,主要用在汽、水管路中。

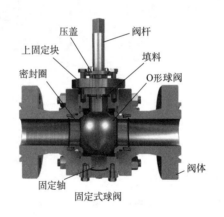

图1-18　球阀

6.蝶阀

蝶阀由阀体、阀座、阀瓣、转轴和手柄等部件组成,其构造如图1-19所示。其工作原理:靠圆盘形的阀芯围绕垂直于管道轴线的固定轴旋转达到开关的目的。

蝶阀的特点:构造简单、轻巧,开关迅速(旋转90°即可),阀体比闸板阀还短小,重量轻。目前,蝶阀发展得很快,有替代闸板阀的趋势,但还存在严密性较差的问题,一般用在低参数的汽、水管路中。

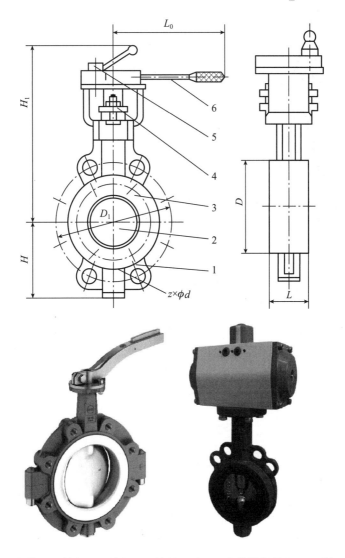

1—阀体；2—蝶板；3—盖板；4—填料压盖；5—定位锁紧螺母；6—手柄。

图 1-19　手动蝶阀

7. 安全阀

安全阀是一种安全装置，当管路系统或设备（如锅炉、冷凝器、压力容器）中介质的压力超过规定数值时，便自动开启阀门排汽降压，以免发生爆破危险。当介质的压力恢复正常后，安全阀又自动关闭。安全阀一般分为弹簧式和杠杆式两种，如图 1-20 所示。

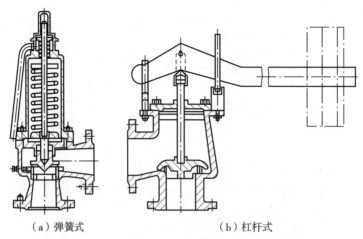

（a）弹簧式　　　　　　　　　（b）杠杆式

图 1-20　安全阀

弹簧式安全阀利用弹簧的压力来平衡介质的压力,阀辨被弹簧紧压在阀座上,平常阀瓣处于关闭状态。转动弹簧上面的螺母,即改变弹簧的压紧程度,便能调整安全阀的工作压力,一般要先用压力表参照定压。弹簧式安全阀工作压力级见表 1-33 所列,各种公称压力的弹簧式安全阀有不同的工作压力级,安装时应注意。

表 1-33　弹簧式安全阀工作压力表

公称压力/MPa	工作压力/MPa				
	P_1	P_2	P_3	P_4	P_5
1	>0.05~0.1	>0.1~0.25	>0.25~0.4	>0.4~0.6	>0.6~1
1.6	>0.25~0.4	>0.4~0.6	>0.6~1	>1~1.3	>1.3~1.6
2.5	—	—	>1~1.3	>1.3~1.6	>1.6~2.5
4.0	—	—	>1.6~2.5	>2.5~3.2	>3.2~4
6.4	—	—	>3.2~4	>4~5	>5~6.4
10.0	—	—	>5~6.4	>6.4~8	>8~10
16.0	—	—	>8~10	>10~13	>13~16
32.0	>16~20	>20~22	>22~25	>25~29	>29~32

杠杆式安全阀,又称重锤式安全阀,它是利用杠杆将重锤所产生的力矩紧压在阀瓣上,保持阀门关闭。当压力超过额定数值时,杠杆重锤失去平衡,阀瓣就打开。所以改变重锤在杠杆上的位置,就改变了安全阀的工作压力。

8.减压阀

减压阀又称调压阀,用于管路中降低介质压力。减压阀的原理:介质通过阀瓣通道小孔时阻力大,经节流造成压力损耗从而达到减压目的。减压阀的进出口一般要伴装截止阀。常用的减压阀有活塞式(如 Y43H-16 型)、波纹管式(如 Y44T-10 型)及薄膜式等几种,如图 1-21 所示。

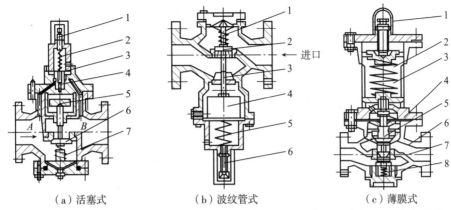

（a）活塞式　　　　　（b）波纹管式　　　　　（c）薄膜式

(a)1—调节螺钉；2—调节弹簧；3—膜片；4—脉冲阀；5—活塞；6—主阀；7—主阀弹簧。

(b)1—顶紧弹簧；2—阀瓣；3—压力通道；4—波纹管；5—调节弹簧；6—调整螺栓。

(c)1—阀体；2—阀盖；3—薄膜；4—活塞；5—阀瓣；6—主阀弹；7—弹簧；8—调整螺栓。

图 1-21　减压阀

9.疏水阀

疏水阀又称疏水器、隔汽具或回水盒,它的作用在于阻汽排水,属于自动作用阀门,是蒸汽系统能否正常运行和节能的关键设备。

按作用原理不同,疏水阀可分为以下 3 种类型。

（1）机械型

常用的有正向浮筒式（如图 1-22（a）所示）、倒吊筒式、钟形浮子式、浮球式疏水阀。浮筒式疏水阀的工作原理:靠浮筒在凝水中的升降,带动排水阀杆,启闭排水阀孔,排除凝水。此类疏水器的排水性能好,疏水量大,筒内不易沉渣,较易于排除空气。此类型的疏水阀多用于高压蒸汽系统中。

（2）热动力型

此类型的疏水阀主要有盘型（如图 1-22（b）所示）、锐孔型（脉冲式）两种。热动力型疏水阀的工作原理:靠蒸汽、凝水的比容不同、流速不同,造成的流道动静压不同,使阀片启闭,达到排放凝水和阻止排汽的目的。此类疏水阀体积小、重量轻、结构简单、安装维修方便、较易排除空气,且具有止回阀作用。当凝结水量小或阀前后压差过小时,会有连续漏气现象,过滤器易堵塞,需定期清除维护。此类型的疏水阀多用于高压蒸汽系统中。

（3）热静力型

此类型的疏水阀主要有波纹管式（如图 1-22（c）所示）、双金属片式、液体膨胀式疏水阀。热静力型疏水阀利用蒸汽和凝结水的温度差引起恒温元件的膨胀变形来达到阻汽排水的目的。此类疏水阀的阻汽排水性能良好,使用寿命长,应用广泛。此类型的疏水阀多用于低压蒸汽系统中。

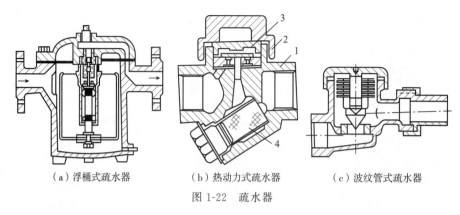

（a）浮桶式疏水器　　　　（b）热动力式疏水器　　　　（c）波纹管式疏水器

图 1-22　疏水器

10.温控阀

温控阀由恒温控制器（阀头）、流量调节阀（阀体）及一对连接件组成，其结构如图 1-23 所示。根据温包位置区分，温控阀有温包内置和温包外置（远程式）两种形式，温度设定装置也有内置式和远程式两种形式，可以按照其窗口显示来设定所要求的控制温度，并加以自动控制。当室温升高时，感温介质吸热膨胀，关小阀门开度，减少流入散热器的水量；当室温降低时，感温介质放热收缩，阀心被弹簧推回而使阀门开度变大，增加流经散热器的水量，恢复至室温。在恒温控制器的温控阀分为两通阀与三通阀，主要应用于单管跨越式系统，其流通能力较大。散热器温控阀的阀体具有较佳的流量调节性能，调节阀阀杆采用密封活塞形式，适用于双管采暖系统，并且应将温控阀安装在每组散热器的供水支管上或分户采暖系统的总入口供水管上。

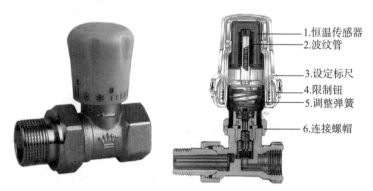

1.恒温传感器
2.波纹管
3.设定标尺
4.限制钮
5.调整弹簧
6.连接螺帽

图 1-23　温控阀结构图

11.平衡阀

平衡阀通过改变阀心与阀座的间隙（开度）来改变流经阀门的流动阻力，达到调节流量的目的。平衡阀还具有关断功能，可以用它代替一个关断阀门。平衡阀在一定的工作差压范围内，可有效地控制通过的流量，动态调节供热管网系统，自动消除系统剩余压头，实现水力平衡。平衡阀可装在热水采暖系统的供水或回水总管上，以及室内采暖系统各个环路上。阀体上标有水的流动方向箭头，切勿装反。平衡阀的结构如图 1-24 所示。

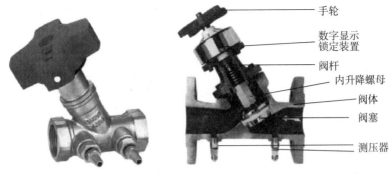

手轮

数字显示
锁定装置

阀杆

内升降螺母

阀体

阀塞

测压器

图 1-24　平衡阀的结构图

1.5.3　阀门的选用

1. 阀门型号规格的表示方法

按照机械行业标准《阀门　型号编制方法》(JB/T 308—2004)，阀门型号规格由 7 部分组成，其后注明公称直径，各部分含义说明如下：

1　2　3　4　5-6　7

1 ——阀门类别代号，用汉语拼音字母作为代号，见表 1-34 所列；

2 ——驱动方式代号，用一位数字作为代号，见表 1-35 所列；

3 ——连接形式代号，用一位数字作为代号，见表 1-36 所列；

4 ——结构形式代号，用一位数字作为代号，见表 1-37 所列；

5 ——密封面或衬里材料代号，用汉语拼音字母作为代号，见表 1-38 所列。

6 ——压力代号或工作温度下的工作压力代号，直接用公称压力(PN)数值表示，并用短线与前四个单元隔开。

7 ——阀体材料代号，用汉语拼音字母作为代号，见表 1-39 所列。

表 1-34　阀门类别代号

阀门类别	闸阀	截止阀	节流阀	隔膜阀	球阀	旋塞阀	止回阀和底阀	蝶阀	蒸汽疏水阀	弹簧载荷安全阀	减压阀	排污阀	柱塞阀	杠杆式安全阀
代号	Z	J	L	G	Q	X	H	D	S	A	Y	P	U	GA

表 1-35　阀门驱动方式代号

驱动方式	蜗轮	正齿轮	锥齿轮	气动	液动	气-液动	电动
代　号	3	4	5	6	7	8	9

注：用手轮或扳手等手工驱动的阀门和自动阀门则省略本单元代号。

37

表 1-36　阀门连接端连接形式代号

连接形式	内螺纹	外螺纹	法兰式	法兰式	法兰式	焊接式	对夹	卡箍	卡套
代　号	1	2	3	4	5	6	7	8	9

注：1.法兰式连接代号 3 仅用于双弹簧安全阀。

2.法兰式连接代号 5 仅用于杠杆式安全阀。

3.单弹簧安全阀及其他类别阀门用法兰式连接时采用代号 4。

表 1-37　阀门连接形式代号

	1	2	3	4	5	6	7	8	9	0
闸阀	明杆楔式单闸板	明杆楔式双闸板	明杆平行式单闸板	明杆平行式双闸板	暗杆楔式双闸板	暗杆楔式单闸板	—	暗杆平行式双闸板	—	—
截止阀节流阀	直通式（铸造）	角式（铸造）	直通式（铸造）	角式（铸造）	直流式	—	隔膜式	节流式	无填料直通式	无填料直通式
球阀	直通式（铸造）	—	直通式（铸造）							
旋塞	直通式	直通填料式	直通填料式	三通填料式	保温式	三通保温式	润滑式	润滑式	液面指示器用	—
止回阀	直通升降式（铸造）	立式升降式	直通升降式（铸造）	单瓣旋启式	多瓣旋启式	—	—	—	—	—
蝶阀	旋转偏心轴式	—	—	—	—	—	—	—	—	杠杆式
疏水器	浮球式	—	浮桶式	—	钟型浮子式	—	双金属片式	脉冲式	热动力式	—
减压阀	外弹簧隔膜式	内弹簧隔膜式	膜片活塞式	波纹管式	杠杆弹簧式	气垫薄膜式	—	—	—	—
弹簧式安全阀	封闭 微启式	封闭 全启式	不封闭 带扳手微启式	不封闭 带扳手全启式	微启式	全启式	带扳手微启式	带扳手全启式	带散热器微启式	带散热器全启式
杠杆式安全阀	单杠杆式 微启式	单杠杆式 全启式	双杠杆式 微启式	双杠杆式 全启式	—	—	—	—	—	—
调节阀	薄膜弹簧式 带散热片开式	薄膜弹簧式 带散热片气关式	薄膜弹簧式 不带散热片开式	薄膜弹簧式 不带散热片气关式	薄膜杠杆式 阀前	薄膜杠杆式 阀后	活塞弹簧式 阀前	活塞弹簧式 阀后	浮子式	—

表 1-38 阀门密封面或衬里材料代号

密封面或衬里材料	铜合金	Cr13 系不锈钢	渗氮钢	巴式合金	蒙乃尔合金	硬质合金	橡胶	衬胶	渗硼钢	衬铅	尼龙塑料	搪瓷	陶瓷	硬质合金	奥代体不锈钢	氟塑料
代号	T	H	D	B	M	Y	X	J	P	Q	N	C	G	Y	R	F

注:密封圈如阀体上直接加工的(无密封圈)代号为 W。

表 1-39 阀体材料代号

阀体材料	灰铸铁	可锻铸铁	球墨铸铁	Cr13 系不锈钢	铜及铜合金	钛及钛合金	碳钢	铬钼系钢	铬镍系不锈钢	铬镍钼系不锈钢	铬镍钒钢	铝合金	塑料
代号	Z	K	Q	H	T	Ti	C	I	P	R	V	L	S

注:对于 PN≤1.6 MPa 的灰铸铁阀门或 PN≥2.5 MPa 的碳钢阀门,则省略本单元。

2.阀门的选用

阀门的选用应根据阀门的用途、介质种类、介质参数(温度、压力)、使用要求和安装条件等因素,全面考核、综合比较、正确选用。其中应注重阀体材料和密封材料的应用条件。可参照下列步骤进行选用:①根据介质种类和介质参数,选定阀体材料;②根据介质参数、压力和温度,确定阀门的公称压力级别;③根据公称压力、介质性质和温度,选定阀门的密封材料;④根据流量、流速要求和相连接的管道管径,确定阀门的公称直径;⑤根据阀门用途、生产要求、操作条件,确定阀门的驱动方式;⑥根据管道的连接方法、阀门的构造和公称直径大小,确定阀门的连接方式;⑦根据公称压力、公称直径、阀体材料、密封材料、驱动方式、连接形式等,再参考产品说明书(或阀门参数表)提供的技术条件,进行综合比较,并根据价格和供货条件最后确定阀门的类别及型号规格。

1.5.4 阀门的安装

1.安装前应进行的检查工作

(1)按设计要求核对阀门规格、型号。

(2)进行阀门外观检查:检查外观质量有无问题,不允许有裂纹、砂眼等缺陷;拆卸检查阀座与阀体的结合应牢固;阀盖与阀体、阀心与阀座的结合应良好无缺陷;阀杆无弯曲、锈蚀,阀杆和填料压盖配合处良好,螺纹无缺陷;添加的法兰垫片、螺纹填料、螺栓等齐全,无缺陷。

(3)应检查阀门填料压入后的高度和紧密度,并留有一定的调整余量。

(4)阀门密封面表面不得有任何缺陷,表面粗糙度和吻合度(径向最小接触宽度与阀体密封面宽度之比)应满足下列要求。

表面粗糙度要求：当公称直径 DN＜400 mm 时，不低于 Ra0.8；当公称直径 DN≥400 mm 时，不低于 Ra0.4。

吻合度要求：当 DN≤50 mm 时，为 30％；当 65 mm≤DN≤150 mm 时，为 25％；当 200 mm≤DN≤400 mm 时，为 20％。

⑤旋塞阀的塞子上应有定位标记。

2.安装前进行强度和严密性试验

低压阀门应从每批（同制造厂、同规格、同时到货）中抽查 10％（至少一个），进行强度和严密性试验。若有不合格，再抽查 20％，如仍有不合格则需逐个检查。

高、中压和有毒、剧毒及甲、乙类火灾危险物质的阀门均应逐个进行强度和严密性试验。

在采暖卫生与煤气系统中的阀门，阀门安装前要做强度和严密性试验。对于安装在主干管道上起切断作用的闭路阀门，应逐个做强度和严密性试验。

阀门的强度和严密性试验，应符合下列规定：阀门的强度试验压力为公称压力的 1.5 倍；严密性试验为公称压力的 1.1 倍。试验压力在试验持续时间内（见表 1-40 所列）应保持不变，且壳体填料及阀瓣密封面无渗漏。

表 1-40　阀门试验持续时间

公称直径 DN/mm	最短试验持续时间/s		
	严密性试验		强度试验
	金属密封	非金属密封	
≤50	15	15	15
65～200	30	15	60
250～450	60	30	180

(1)阀门的强度试验

进行闸阀和截止阀强度试验时，应把闸板或阀瓣打开，压力从通路一端引入，另一端堵塞。试验止回阀时，应从进口端引入压力，出口一端堵塞。试验直通旋塞时，塞子应调整到全开状态，压力从通路一端引入，另一端堵塞；试验三通旋塞时，应把塞子调整到全开的各个工作位置进行试验。带有旁通的阀件，试验时旁通阀也应打开。

(2)阀门的严密性试验

除蝶阀、止回阀、底阀、节流阀外的阀门，严密性试验一般应以公称压力进行，在能够确定工作压力时，也可用 1.25 倍的工作压力进行试验，以阀瓣密封面不漏为合格。公称压力小于或等于 2.5 MPa 的水用铸铁、铸铜闸阀允许渗漏量见表 1-41 所列。

表 1-41　闸阀密封面允许渗透量

公称直径/mm	渗透量/（cm³·min⁻¹）	公称直径/mm	渗透量/（cm³·min⁻¹）
≤40	0.05	600	10.00
50～80	0.10	700	25
100～150	0.20	800	20
200	0.30	900	25
250	0.50	1000	30
300	1.50	1200	50
350	2.00	1400	75
400	3.00	≥1600	100
500	5.00		

表中公称直径与渗透量单位分别为 mm 与 cm³·min⁻¹。

阀门试验应在如图 1-25 所示的专用试验台上进行。把被试验的阀门放在试验台上，用千斤顶或丝杠紧固，往阀体内注水排气，而后逐渐升压至试验压力，进行检查，达到规定要求即为合格。

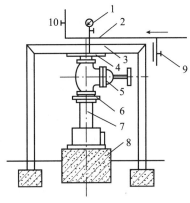

1—压力表；2—进水管；3—试验台架（槽钢）；4—上堵板；5—试验阀门；
6—下堵板；7—千斤顶；8—钢筋混凝土座；9—滑水阀；10—放气阀。

图 1-25　阀门试验台

试验闸阀时，应分别从两面检查其严密性，首先将闸板紧闭，从阀的一端引入压力，在另一端检查其严密性；在压力逐渐消除后，再从阀的另一端引入压力，在反方向的一端检查其严密性。对双闸板的闸阀，是通过两闸板之间阀盖上的螺孔引入压力，而在阀的两端检查其严密性。

试验截止阀时，阀杆应处水平位置，阀瓣紧闭，压力从阀孔低的一端引入，在阀的另一端检查其严密性。

试验直通旋塞阀时，将塞子调整到全关位置，压力介质从一端引入，在另一端检查其严密性。对于三通旋塞阀，应将塞子轮流调整到各个关闭位置，引入压力后在另一端检查其各关闭位置的严密性。

试验止回阀时,压力介质从出口一端引入,在进口一端检查其严密性。

阀体及阀盖的连接部分及填料部分的严密性试验,应在阀件开启的情况下进行。

严密性试验不合格的阀门,须解体检查,并重新试验。严密性试验合格的阀门,应及时排尽内部积水。密封面应涂防锈油(需脱脂的阀门除外),关闭阀门,封闭出入口。高压阀门应填写"高压阀门试验记录"。

3.安装要求

管道上各类阀门的安装取决于阀门的连接方式,常用阀门多用螺纹和法兰连接,安装中应注意如下事项。

(1)安装前应清除阀门的封盖和阀内杂物。

(2)阀门与管子等螺纹连接时,管子应用短螺纹,与阀门内螺纹连接的管螺纹采用圆锥形短螺纹,其工作长度应比有关表中短螺纹的工作长度还要小两扣丝(即少两个牙数)。

(3)阀门的安装应使阀门和两侧连接的管道处同一中心线上。当因管螺纹加工的偏斜、法兰与管子焊接得不垂直,使连接中心线出现偏差时,在阀门处严禁冷调直,以免损坏阀门。

(4)安装有方向性要求的阀门时,应使介质流向与阀体上的箭头指向一致,切勿反接。对截止阀应按"低进高出"的方向安装,即辨别阀门两端阀孔的高低,使进入管接于低阀孔一侧,出口管接于阀孔高一侧。对止回阀,应按阀体标志的流动方向安装,才能保证阀盘的自动开启。为保证止回阀阀盘的启闭灵活、工作可靠,对直通升降式止回阀应装在水平管道上,对旋启式和立式直通止回阀,可装于水平或垂直管道上。

(5)水平管道上安装的阀门,其阀杆和手轮应垂直向上或倾斜一定的角度安装,而不可做手轮垂直向下的倒装。高空管道上的阀门,阀杆和手轮可水平安装,用垂向低处的链条远距离操纵阀的启闭。

(6)同一工程中宜采用相同类型的阀门,以便于识别及检修时部件的替换。同一房间内或同一设备上的阀门应安装在同一高度,并排列整齐。当设计无要求时,立管上的阀门安装高度一般为1.2 m左右,以方便启闭操作。

(7)直径较小的阀门,运输和使用时不得随手抛掷;大型阀门(一般直径在300 mm以上的阀门)需要吊装时,绳索不准系在手轮、阀杆或法兰螺孔上,应拴在阀体上。安装大型阀门时,应设专用支架,不得以管道承重。

(8)所有阀门应装在易于操作检修处,严禁埋于地下。直埋或地沟内管道上的阀门处,应设检查井室,以便于阀门的启闭和调节。

(9)阀门在安装时,对并排水平管道上的阀门应错开安装,以减小管道间距;对并排垂直管道上的阀门应装于同一高度上,并保持手轮之间的净距不小于 100 mm。

(10)阀门安装时应保持关闭状态。一般情况下螺纹连接的阀门,配用的活接头或长丝活接头应安装于介质的出口端。螺纹连接的阀门安装时常常需要卸去阀杆、阀心和手轮,才能拧转,此时,对螺纹闸阀的拆卸,应在拧动手轮使阀保持开启状态后,才好拆卸,否则极易拧断阀杆。

学 习 小 结

本章主要介绍了建筑环境与能源系统中管材及管件的通用标准,以及管材及管件的品种、规格、技术性能检验及其正确选用方法等内容,旨在加深对管材及管件通用性和互换性的理解,培养学生尊重规范、遵守操作规程和符合质量标准的意识,以及以保证整个工程达到"全优工程"的工匠精神;同时培养学生动手实践、问题处理和施工组织沟通交流与管理的能力,使学生具备建筑环境与能源系统中管材及管件检验与选用的劳动实践能力和实际工程的美学鉴赏能力。

知 识 网 络

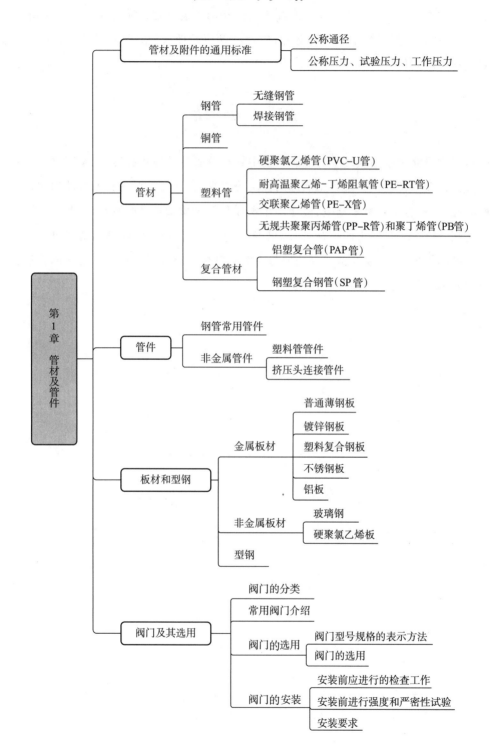

思 考 题

1.管材及附件的通用标准包括哪些内容？国家颁布管材及附件的统一技术标准对于暖通空调劳动实践有何指导意义和作用？

2.暖通空调劳动实践中常用的管材都有哪些？分别适用于什么场合？

3.暖通空调劳动实践中常用的管件都有哪些？分别有什么作用？

4.暖通空调劳动实践中常用的阀门都有哪些？分别适用于什么场合？

关 键 词 语

管材　pipe

管件　fitting

阀门　valve

第2章　管道加工及连接

导　读

管道加工及连接(pipe processing and connection)是管道安装工程的中心环节,是将蓝图设计建成为工程实体,将各单件设备连接为系统的重要过程。加工主要是指管子的调直、切断、套丝、煨弯及制作异形管件等过程。连接主要讲述焊接、螺纹连接及法兰连接等几种方法。

加工和连接的每一个工序过程均应遵守操作规程和符合质量标准,以保证整个工程达到"全优工程"。工程技术人员及工人在施工实践中应根据现场实际,尽量选用先进机具、先进技术和科学方法组织施工,提高劳动生产率,高速度、高效益地完成每项建设工程。以前管子的加工过程以手工为主,劳动强度大,生产速度慢。现在推广的适合安装工地配套使用的小型加工机械,如切管机、套丝机、坡口机、弯管机、栽设支架(座)的机具射钉枪、冲击电钻和膨胀螺栓等,大大减轻了安装工人的劳动强度。采用这些机械,生产率得到了成倍的提高,既节省材料,又可降低成本。从施工组织管理方面,安装工程已开始向工厂发展,这必将进一步提高安装速度和工程质量。

通过本章内容,使学生了解并掌握选用先进机具、先进技术和科学方法组织施工的方法。通过管道加工和连接的工序过程的讲解及动手实践,使学生自主完成管道加工及连接任务,具备建筑环境与能源系统中管道加工及连接的劳动实践能力;培养学生动手实践、问题处理和施工组织管理的能力,遵守操作规程和符合质量标准的意识,使学生明白吃苦耐劳、精益求精的工匠精神的重要性。

2.1　管道加工的准备工作

管道的加工准备包括管道测绘、管道调直和管道划线等工作。它要求作业人员应具有较强的阅图能力、材料知识和划线技巧。

2.1.1　管道测绘

建筑设备工程的管道系统,大多通过支架固定在建筑结构(墙、梁、柱)上,建筑结构施工存在的误差,造成了图纸中所注安装尺寸与建筑结构位置尺寸之间会存在偏差。所以,在熟悉了安装图纸内容之后,应在施工现场的建筑结构上,进行管道安装位置的具体放线,并根据放线结果,实测出在建筑结构上的安装尺寸和施工图纸上标注尺寸间的差异。然后,据此绘制实际安装草图和计算、量取管段及管件的实际加工制作尺寸。常用的测绘器有粉笔、粉墨线、水准尺、钢板尺、角尺、线锤和钢卷尺等。

管道的现场放线和测量,可按下列步骤进行:

(1)先弄清管道、管件的安装位置、标高、坡度、结点位置和弯曲点位置等;

(2)根据上述数据,在建筑结构墙面或框架柱上,以画线方式标注出实际安装位置;

(3)根据画线标定的安装位置,实测各管段和管件的安装尺寸,并用铅笔标注在施工图纸上(或绘制的草图上)。

2.1.2 管子调直

管子在运输和工地堆放过程中,会由于各种原因发生弯曲变形等缺陷。此外,在安装中由于螺纹不正,也会造成管路呈现弯曲。意外弯曲处会影响介质的流通和排放,所以这些管子进行施工安装之前,应先进行弯曲变形检查和管子调直。

1.管子的弯曲变形检查

(1)目测检查法

这是工地上应用得最广泛最普遍的检查管材弯曲变形的方法。检查者用手将管子一端抬起(另一端自然触地),以管子的两个端点、检查者的眼睛三点成一直线为准。然后,边转动管子边用眼睛看管端的管壁外圆素线是否成一直线,是直线,则无弯曲变形,否则有弯曲变形。这种方法十分简便适用,但由于是检查者一人操作,所以只能用在管径较小、重量较轻的管材检查中。

(2)滚动检查法

如图 2-1 所示,将被检查的管子平放在两根水平且平行的轨道架上,然后轻轻滚动管子数次,并细心观察管子在轨道上停下来的位置,若每次滚动时在任一位置能停下,说明管子无弯曲。反之,若停止时都是某一面向下,说明管子有弯曲变形,且凸弯朝下。

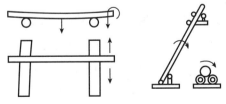

图 2-1 滚动检查管子弯曲

2.调直方法

调直方法有冷调直和热调直两种。

(1)冷调直

这种方法适用于 DN50 以下、弯曲变形不大的管子的调直。如图 2-2 所示,冷调直的方法是用一锤顶在管子弯里(凹面)的弯点作支点,另一锤敲打凸面处,直至校直为准。注意,两锤不能对着敲打,锤击处宜垫硬木板,防止把管子打扁。采用此法对螺纹连接管道的结点处进行弯曲校直时,不能敲打管件,只能敲打管件两端的管子。

(2)热调直

这种方法适用于管径大、弯曲变形大的管子的调直。如图 2-3 所示,热调直的方法:设置一地面加热炉和滚动调直平台(由两根水平且平行的钢管或型钢铺成),将管子弯曲部位加热到 600～800 ℃,然后放置在平台架上反复滚动,利用重力作用和管材的塑性变形,将管子调直。加热管子应用焦碳,不应使用原煤,也可利用氧气、乙炔焰加热。调直后的管子,应在水平场地存放,避免产生新的弯曲。由于热调直工作烦琐,所以有时将残缺部分直接割除掉,然后将完好部分连接起来应用。

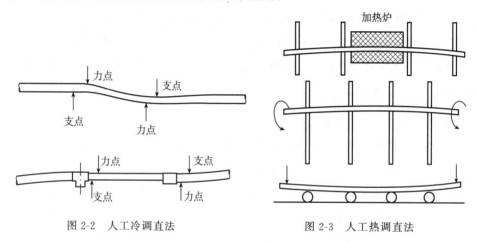

图 2-2　人工冷调直法　　　　　　　图 2-3　人工热调直法

2.1.3　管子的画线

管段或管件加工制作前的画线是一项细致的工作。画线一般在管子画线台或管架上进行。常用的画线台外形尺寸:长 7.0～9.0 m,宽 0.9～1.1 m,高 0.8～0.9 m。

1.选材

管子画线前,首先是选用管材。选材有两个方面的依据:一方面,管材的技术性能应该满足设计规定和金属结构加工工艺的要求;另一方面,管子的规格尺寸应做到下料后剩余的边角余料减少至最小程度,使管件的净加工量减少至最小程度。

2.切割余量

画线时必须计入切割加工余量。一般的加工余量值规定如下:碳素钢,边缘部分余量+2～3 mm,中间部分余量+4～5 mm;合金钢材,火焰切割时边缘部分余量为+5～7 mm,中间部分余量为+10～12 mm。

2.2　钢管的加工及连接

2.2.1　钢管切断

根据管路安装需要的尺寸、形状,将管子切断成管段,切断过程常称为下料。钢管切断方法很多,但可分为两类:手工切断和机械切断。在工厂里,钢管切断可采用大型切管机。对于工地,钢管切断宜用小型切管机具。常用的小型切管机具及使用方法介绍如下。

1. 钢锯切断

用钢锯切断管子是广泛应用的方法,尤其是管径 50 mm 以下的小管子一般用钢锯切断。

钢锯的规格是以锯条的规格标称的,锯管子最常用的锯条规格是 12 in(300 mm)×18 牙及 12 in×24 牙两种(其牙数为 1 in 长度内有 18 个或 24 个牙),如图 2-4 所示。常用的锯条长约 300 mm、宽 13 mm、厚 0.6 mm。锯条由碳素工具钢制成,经淬火处理后,硬度较高,齿锋利,性脆,易断。

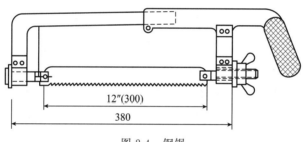

图 2-4　钢锯

锯切薄壁管子时,应用牙数多的(俗称细牙)锯条,因其齿低及齿距小,进刀量小,不致卡掉锯齿。如果用牙数少的(粗牙)锯条锯薄壁管子,就容易发生卡掉锯齿的情况。所以锯切壁厚不同的管子时,应选用不同规格的锯条。切断操作时,锯条平面必须始终保持与管子垂直,以保证断面平正;切口必须锯到底,不能采用不锯完而掰断的方法,以免切口残缺不整齐,影响套丝或焊接。

手工钢锯切断的优点是设备简单,灵活方便,节省电能,切口不收缩、不氧化;缺点是速度慢、劳动强度大、切口平正度较难掌握。

2. 刀割

刀割使用的工具叫滚刀切管器,也叫割刀,一般适用于切断管径 40～150 mm 的管子。

滚刀切管器是用带有刃口的圆盘形刀片,在压力作用下边进刀边沿管壁旋转,将管子切断,如图 2-5 所示。操作时,先将管子在管子压钳内夹紧牢固,再把切割器套在管子上,使管子夹在割刀和滚轮之间,刀刃对准管子切割线。拧动手把,使滚轮夹紧管子,然后沿管子切线方向转动螺杆,同时拧动手把,就可以使滚刀不断切入管壁,直至切断为止。使用滚刀切管器时,必须使滚刀垂直于管子,否则易损坏刀刃。

滚刀切管器的特点:切割速度快、切口平正,但切断面因受挤压而易产生缩口,增大介质流动阻力,因此必须用绞刀刮平缩口部分。

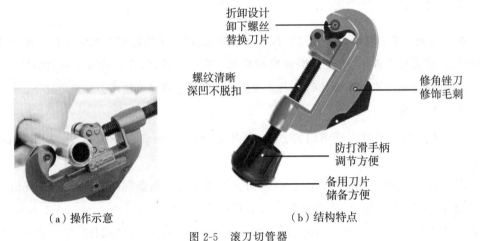

（a）操作示意　　　　　　　　　　（b）结构特点

图 2-5　滚刀切管器

3. 砂轮切割机

砂轮切割机构造如图 2-6 所示,它不但能用于切割管子,还可用于切断角钢、圆钢等各种型钢,是工地上常用的切割设备。砂轮切割机的原理:高速旋转的砂轮片与管壁接触摩擦切削,将管壁摩透切断。使用砂轮机时,要使砂轮片与管子保持垂直,被锯材料要夹紧,再将手把下压进刀,但用力不能过猛或过大,以免砂轮破碎飞出伤人。砂轮切割机的特点:切管速度快,移动方便,适合施工现场,但噪声大,切口常有毛刺。

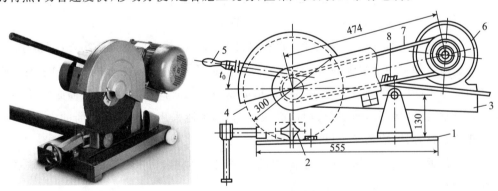

1—工作台面;2—夹管器;3—摇臂;4—金刚砂锯片;5—手臂;6—电动机;7—传动装置;8—张紧装置。

图 2-6　砂轮切割机

4. 气割

钢管安装工程中常用的气割工具是射吸式割炬,俗称气割枪,氧气-乙炔割炬的构造如图 2-7 所示。它是利用氧气和乙炔气的混合气体为热源,对管壁或钢板的切割处进行加热,烧至钢材呈黄红色(1100～1150 ℃),然后喷射高压氧气,使高温的钢材在纯氧中燃烧生成四氧化三铁熔渣,熔渣松脆,易被高压氧气吹开,从而使管子切断。

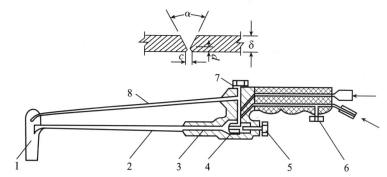

1—割嘴;2—混合气管;3—射吸管;4—喷嘴;5—预热氧气阀;6—乙炔阀;7—切割氧气阀;8—切割氧气管。

图 2-7　氧气-乙炔割炬

　　根据管壁厚度不同,切割时应采用不同规格的割炬:1 号割炬的割嘴孔径为 0.6～1.0 mm,切割钢材厚度为 1～30 mm;2 号割炬切割钢材厚度为 10～100 mm;3 号割炬切割钢材厚度为 80～300 mm。管径 100 mm 以上的大管子一般采用气割。用手工气割时,在气割前应在切口画线,并用冲子在线上打上若干点,以便操作时能按线切割。

　　气割方法的特点:省力、速度快、成本低,能割除弧形切口;缺点是切口不够平整,且有四氧化三铁熔渣,所以切割后的管口,应用砂轮磨口机打磨平整和除去熔渣,以利于焊接。氧气-乙炔切割操作方便、适用灵活、效率高、成本低,适用于各种管径的钢管、低合金管铅管和各种型钢的切割。

　　5.大直径管切断与切坡口

　　大直径钢管除用氧气切断外,还可以采用切断机械。如图 2-8 所示为大直径钢管切断机,它由单相电动机、主体、传动齿轮装置、刀架等部分组成。这种切断机在切管的同时完成坡口加工,不仅可以切断管径 75～600 mm 的管子,对于埋于地下的管路或其他管网中的长管的中间切断也尤为方便。

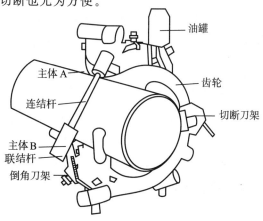

图 2-8　大直径钢管切断机

6.等离子切割法

气体在电弧高温下被电离成电子和正离子,这两种粒子组成的物质流称为等离子体。等离子体流又同时经过"热收缩效应"和"磁收缩效应"变成一束温度高达 15 000 ℃高能量密度的热气流,气流速度可以控制,能在极短的时间内熔化金属材料,可用来切割合金钢、有色金属和铸铁等,这称为等离子切割。我国生产的等离子切割机有手把式和自动式两种。

2.2.2 弯管加工

在建筑设备安装工程中,需用大量弯管,如 90°和 45°、乙字形弯(来回弯)、抱弯(弧形弯)、方形补偿器等,这些弯管大部分是在施工现场和管道加工厂制作的。

1.弯管的质量要求

一段直管段未弯曲变形前的纵断面如图 2-9(a)所示,给以弯矩使其弯曲变形(如90°)后的纵断面如图 2-9(b)所示。未弯曲变形前的横断面如图 2-10(a)所示,给以弯矩使其弯曲变形(如 90°)后的横断面如图 2-10(b)所示。

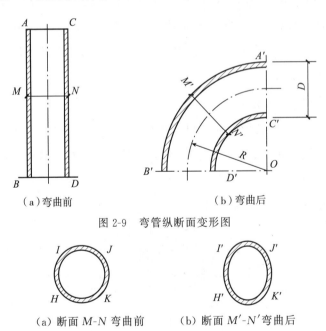

(a)弯曲前 (b)弯曲后

图 2-9 弯管纵断面变形图

(a)断面 *M-N* 弯曲前 (b)断面 *M′-N′* 弯曲后

图 2-10 弯管横断面变形图

从纵断面看,管段弯曲变形后,管壁内侧各点均受压力,在挤压作用下管壁增厚,直线 *CD* 变成弧线 *C′D′* 压缩变短。管壁外侧各点均受拉力,在拉伸作用下管壁变薄,直线 *AB* 变成弧线 *A′B′* 拉伸变长。

上述分析说明,管道断面上各点纵向变形不同,应力不同。外侧壁厚变薄,使该部分截面强度降低。

从横断面看,管段弯曲变形后,横断面 M-N 由圆形截面变成椭圆形截面,椭圆形长轴两端,为拉应力变形,圆弧变形大;短轴两端,为压应力变形,圆弧变形小。H′I′段管壁截面成凹形变薄,J′K′段管壁截面成凸形变厚。截面上有 4 点 H、I、J、K 无变形。

上述分析说明,管子断面 M-N 由圆形截面变成椭圆形截面,其水力特性、机械性能都有所减低。整个椭圆形截面上,各点的壁厚变化不同,承受的应力大小不同,强度不同。外侧受拉面,强度最薄弱。为了弯管的水力特性和机械强度无明显降低,对弯管质量做了如下的规定:

①弯曲段管壁减薄应均匀,减薄量(最不利截面处)不应超过壁厚的 15%;

②断面的椭圆率(长、短轴之差与长轴之比)在中、低压介质范围内,应满足下列要求:当管径 $D \leqslant 50$ mm 时,不大于 10%;当 $50 < D \leqslant 50$ mm 时,不大于 8%;管径 $D > 150$ mm 时,不大于 6%。

大量的弯管作业实践表明:同型号规格管段弯曲时,影响管壁变薄量多少、椭圆率大小的主要因素是弯曲半径 R。弯曲变形的大小与曲率半径 R 成反比,弯曲半径越大,管子的受力和变形越小,管壁的减薄度越小,而且流体的阻力损失越少。但在工程上 R 大的弯头所占空间大且不美观,所以弯曲半径 R 应有一个选定范围。根据管径及使用场所选取相应的弯曲半径 R:一般情况下,可采用 $R = (1.5 \sim 4)D$,机械煨弯时,$R = 3.5D$;机械冷煨弯时,$R = 4D$;冲压弯头,$R = 1.5D$;焊接弯头,$R = 1.5D$。

用有缝钢管煨弯时应注意焊缝的位置,焊缝应放在受力小、变形小的部位。如图 2-10 所示中对最不利断面的情况分析,截面上只有 H、I、J、K 4 点无变形,不受力的作用,这 4 个点与椭圆的长短轴近似成 45°角,这 4 点是放焊缝的最佳位置。

2. 弯管下料

在进行弯管之前,必须先计算出管子的弯曲长度,并画出管子的弯曲始点。同时为了弯曲加工和以后安装的需要,在弯曲部分的起始点、终弯点以外,必须留有一直段,如图 2-11 所示,直段 L 的长度:公称直径 DN≤150 mm 时,应不小于 400 mm;公称直径 DN≥150 mm 时,应不小于 600 mm。煨弯部分的长度按下式计算:

$$\overset{\frown}{L} = \alpha \pi R / 180$$

式中,$\overset{\frown}{L}$——煨弯长度,单位 mm;

　　　α——弯曲角,单位°;

　　　π——圆周率;

　　　R——弯曲半径,单位 mm。

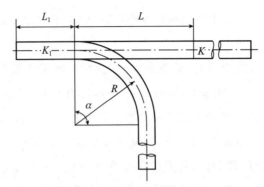

图 2-11　弯管画线及弯曲示意图

例题 2-1　90°弯头的下料。

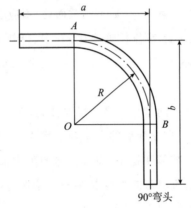

图 2-12　90°弯头

解：(a)计算下料长度。

90°弯头如图 2-12 所示，其下料长度按下式计算：

$$L = a + b - 2R + \overset{\frown}{L}$$

式中，L——弯头下料长度，单位 mm；

　　a、b——弯头两端的中心长度，单位 mm；

　　R——弯曲半径，单位 mm；

　　$\overset{\frown}{L}$——煨弯长度，单位 mm。

(b)画线。

如图 2-13 所示，选取一直管，其长度为 L，然后从一端量取弯管一端长度为 a，再从 a 倒退 R 长度至 A 点，画线，则 A 点为弯头的起弯点，再从 A 点向前量取 $\overset{\frown}{L}$ 长得 B 点，再画线，则 B 点为终弯点。

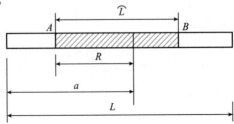

图 2-13　90°弯头下料画线方法

例题 2-2　任意弯曲角度 α 弯头的下料。

解： (a)计算下料长度。

任意弯曲角度 α 的弯头如图 2-14 所示，其下料长度按下式计算：

$$L = a + b - 2S + \widehat{L}$$

式中，L——弯管下料长度，单位 mm；

$\widehat{L}$——弯管弯曲长度，单位 mm；

$2S$——弯头弯曲角度所对应的两直角边的长度，单位 mm，其中 $S = R\tan\dfrac{\alpha}{2}$

(b)画线。

如图 2-14 所示，选取一直管，其长度为 L，然后从管子的一端量取长度为 a，再从 a 倒退 S 长度到 A 点，画线，则 A 点为弯头的起弯点，再从 A 点量取 $\widehat{L}$ 长到 B 点，再画线，则 B 点为终弯点。

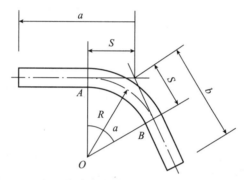

图 2-14　任意弯曲角度 α 的弯头

3.钢管冷弯法

冷弯法是在常温下对管段进行弯曲加工的方法，一般借助于弯管器或液压弯管机。由于冷弯法耗费动力较大，所以一般适用于管径 $D \leqslant 175$ mm 的管子。根据弯管的驱动力，又可分为人工弯管和机械弯管两种方法。

(1)人工弯管

人工弯管是指借助简单的弯管机具，由手工操作进行弯管作业。这种方法的特点是机具简单、操作方便、成本低，但耗费劳力、工效低、弯制管件不规范。

如图 2-15 所示为利用弯管板煨弯的示意图。弯管板一般是用硬质木板制作，在板上按照需要煨弯的管子外径开设不同的圆孔。弯管时将管子插入孔中，加上套管作为杠杆，由人力操作压弯。这种弯管方法适用于小管径(DN15～20)小角度的煨弯，如常用于散热器连接支管来回弯的制作。

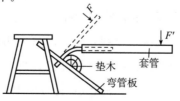

图 2-15　弯管板煨弯示意图

如图 2-16 所示为滚轮弯管器,它由钢夹套、固定导轮、活动导轮、夹管圈等部件构成。以固定导轮作胎具,通过杠杆作用,利用压紧导轮将管子沿胎具压弯。煨弯时,将管子插入两导轮之间,一端由夹管圈固定,然后扳动手柄,通过杠杆带动紧压导轮沿胎具转动,把管子压弯。使用滚轮弯管器时应注意:每种滚轮只能弯一种规格的管子。一般适用于煨制 DN15～25 规格的管道。

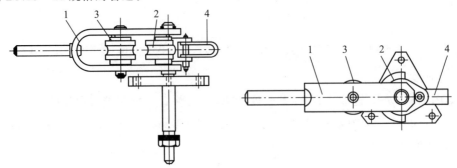

1—钢夹套;2—固定导轮;3—活动导轮;4—夹圈。

图 2-16　滚轮弯管器

如图 2-17 所示为小型液压弯管机,其中图 2-17(a)为三脚架式,图 2-17(b)为小车式。这种弯管机采用手动油泵作为动力机构,操作省力。弯管范围为管径 15～40 mm,适用于施工现场安装采用。

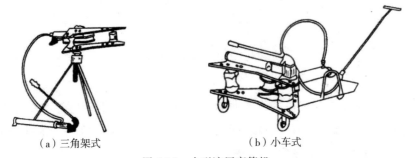

（a）三角架式　　　　　　　（b）小车式

图 2-17　小型液压弯管机

(2)机械弯管法

机械弯管是在人工弯管耗费体力大、工效低,对于大管径难以实现人工弯管的条件下生产制造的弯管机械。其品种规格繁多,最常用的设备是电动弯管机。

电动弯管机是由电动机通过传动装置,带动主轴及固定在主轴上的弯管模一起转动进行煨弯的。如图 2-18 所示为电动弯管机煨弯示意图,煨管时,先要把弯曲的管子沿导向模放在弯管模和压紧模之间,调整导向模,使管子处于弯管模和压紧膜的公切线位置,并使起弯点对准切点,再用 U 形管卡将管端卡在弯管模上。然后开启电动机开始煨弯,使弯管模和压紧模带着管子一起绕弯模旋到所需的弯曲角度后停车,拆除 U 形管卡,松开压紧模,取出弯管。在使用电动弯管机煨弯时所用的弯管模、导向模和压紧模,必须与被弯曲的管子规格一致,以免弯曲的弯管质量不符合要求。

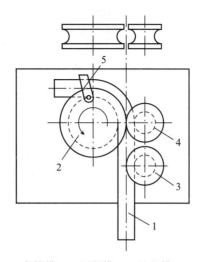

1—管子;2—弯管模;3—压紧模;4—导向模;5—U 形管卡。

图 2-18　电动弯管机煨弯示意图

当被弯曲的管子外径大于 60 mm 时,必须在管内放置芯棒,芯棒外径比管内径小 2 mm 左右,放在管子起弯点稍前处,芯棒的圆锥部分与圆柱部分的交线处要放在管子的起弯点处,如图 2-19 所示。凡使用芯棒煨弯时,煨弯前应将被弯管子的管腔内的杂物清除干净。有条件时,可在管子内壁涂少许机油,以减少芯棒与管壁的摩擦。

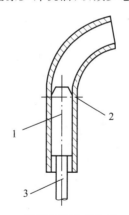

1—芯棒;2—管子的开始弯曲面;3—拉杆。

图 2-19　弯管时弯曲芯棒的位置

4.钢管热弯法

热煨弯是将钢管加热到一定温度后,弯曲成所需要的形状的煨弯方法。它是利用钢材加热后强度降低,塑性增加,从而可大大降低弯曲动力的特性。热弯弯管机适用于大管径弯曲加工,钢材最佳加热温度为 800～950 ℃,此时,塑性强,便于弯曲加工,强度不受影响。与冷弯法相比,可大大节约动力消耗并提高工效几倍到十几倍。常用的热弯弯管机有火焰弯管机和可控硅中频弯管机两种。

(1)火焰弯管机

如图 2-20 所示为一火焰弯管机的外型构造图,其结构可分为 4 个部分:加热与冷却装置,主要是火焰圈、氧气-乙炔、冷却水系统等;传动机构,由电动机、皮带轮、蜗杆蜗轮变速系统等部件组成;拉弯机构,由传动横臂、夹头、固定导轮等部件组成;操纵系统,由电气控制系统、角度控制器、操纵台等部件组成。

火焰弯管机的工作机理:对管子的弯曲部分以带状(俗称红带)的形式加热至弯管温度,采取边加热、边煨弯、边冷却成形的方法,将管子弯曲成需要的角度。管子的环形加热带(即红带)是借助于氧气-乙炔环形喷嘴(俗称火焰圈)燃烧器加热而成。管子加热至900 ℃开始煨弯,此后加热、煨弯、喷水冷却 3 个工序同步、缓慢、连续进行,直至弯曲角度达到要求。

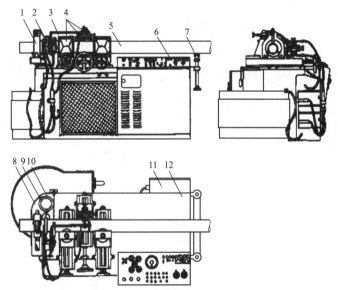

1—管子夹头;2—火焰圈;3—中心架;4—固定导轮;5—管子;6—操纵台;
7—托架;8—横臂;9—主轴;10—水槽;11—电器控制箱;12—台面。

图 2-20　火焰弯管机外形构造图

火焰弯管机的关键部件是火焰圈,要求火焰圈燃烧的火焰均匀稳定,并保持一定的加热宽度和加热速度。火焰圈的构造如图 2-21 所示。它是由设有氧气-乙炔混合气燃烧喷嘴和冷却水喷嘴的两个环状管组成。火焰喷嘴成单排布置,孔径 0.5~0.6 mm,孔间距为 3 mm。冷却水成单排布置,孔径 1 mm,孔间距为 8 mm,喷射角 45°~60°,喷水圈与火焰圈结合为一体,冷却水喷嘴位于火焰喷嘴下侧,保障冷水圈对火焰圈的均匀冷却,使火焰稳定。加热带的宽窄与喷气孔与管壁的距离 a 有关,一般选用 $a = 10 \sim 14$ mm。火焰圈材料一般采用导热性能好、便于机械加工的 59 号黄铜或铝黄铜等制作。

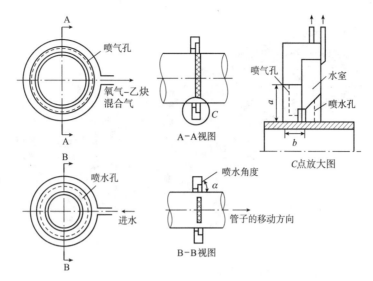

图 2-21　火焰圈构造

火焰弯管有下面一些特点。

①弯管质量好。弯管曲率均匀、椭圆率小,由于红带较窄、红带两侧管壁刚度好,对弯曲断面有约束作用,能使椭圆率控制在 4% 以内。

②弯曲半径 R 可以调节。产品的 R 可以标准化,管壁变形均匀,最小曲率半径 $R = 1.5D$,最大弯管直径可达 $\varnothing 426$ mm。

③无须灌砂,大大减轻劳作强度和生产条件,生产工效高、成本低,且管件内壁清洁,不须清理。

④拖动功率小。机身体积比冷弯机小,重量轻,便于施工移动装拆。

⑤由于晶间腐蚀问题,只适用于普通碳素钢管的煨弯,不能用于不锈钢管的煨弯。

(2)中频弯管机

火焰弯管机虽然使煨管工艺水平得到提高,但是还存在一些问题,如:火焰圈的喷气孔孔径很小易堵塞,以致加热不均匀影响弯管质量;用氧气和乙炔气加热,容易因回火引起爆炸事故。而利用中频弯管机就克服了火焰弯管机的上述缺点。

如图 2-22 所示为一中频电热弯管机的外形构造图,其结构与火焰弯管机一样,可分为 4 个部分:加热与冷却装置,主要为中频感应圈和冷水系统;传动结构,由电动机、变速箱、蜗杆蜗轮传动机构等部件组成;弯管机构,由导轮架、顶轮架、管子夹持器和纵横向顶管机构等部件组成;操纵系统,由电气控制系统、操纵台、角度控制器等部件组成。

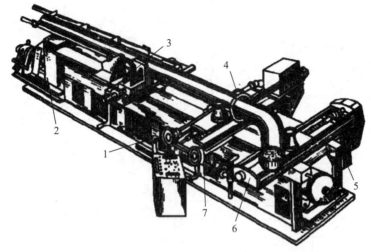

1—导轮架;2—纵向顶管机构;3—管子夹持器;4—中频感应圈;

5—横向顶管机构;6—顶轮架;7—冷却装置。

图 2-22 中频电热弯管机外型构造图

中频弯管机的工作机理与火焰弯管机基本相同,只是加热装置用中频感应圈代替火焰圈。中频感应圈的加热原理:感应圈内通入中频交流电,与感应圈对应处的管壁中产生相应的感应涡流电,由于管材电阻较大,使涡流电能转变为热能,把管壁加热为高温红带,进行煨弯。如图 2-23 所示为中频弯管机煨弯示意图。

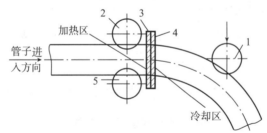

1—顶轮;2—导轮;3—中频感应电热器;4—盘环管冷却器。

图 2-23 中频弯管机煨弯示意图

中频感应圈用矩形截面的紫铜管制作,管壁厚 2～3 mm,与管子外表面保持 3 mm 左右的间隙。感应圈的宽度(对应于管子面的宽度)关系着加热红带的宽度,根据弯曲加工的管径确定,当管径为 ∅68～108 mm 时,宽度为 12～13 m;当管径为 ∅133～219 mm 时,宽度为 15 mm。感应圈内通入冷却水,水孔直径 1 mm,孔距 8 mm,喷水角 45°。管段弯曲成型的加热、爆弯、冷却定型通过自控系统同步连续进行。

中频弯管机,除具备火焰弯管机的所有优点外,还从根本上改善了火焰弯管机火焰不稳定、加热不均匀的缺陷,并且可用于不锈钢管的弯曲加工。

5.模压弯管

模压弯管是根据一定的弯曲半径制成模具,然后将下好料的钢板或管段放入加热炉中加热至 900 ℃左右,取出放在模具中加压成型的弯管方法。用板材压制的为有缝弯管,用管段压制的为无缝弯管。

有缝模压弯管的制作:按弯管展开原理先将钢板下料(扇形),然后加热模压成瓦状,如图 2-24 所示。要注意下料时留一定加工余量,即下料的扇形面积应比理论计算展开面积放大一些。将扇形板热压成瓦状后,再画线并切割多余的部分,最后将两块弯瓦组合对焊成弯管。这种弯管管壁厚度均匀、耐压强度高、弯曲半径小($R=1.5D$),所以有缝模压适宜于加工大管径的弯管。

图 2-24　有缝模压弯管下料

无缝模压弯管是用无缝钢管根据计算的弯管展开长度下料,将切好的管段放入炉子中加热至 900 ℃左右,取出放在模具中压制一次成型。模具由上模、下模及芯子 3 部分组成。实践证明,在下料时弯管的长臂要比理论计算值加长 15%,而短臂(弯里)比理论计算值减小 4%(如图 2-25 所示)。

模压弯管要先做大量模具,用以加工各种弯管。这种弯管方法也适合工厂化生产,运输方便,成本也较其他加工方法低。

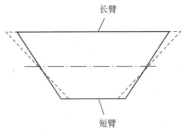

图 2-25　无缝模压弯管下料

6.焊接弯管

当管径较大、管壁较厚或较薄,弯曲半径 R 较小,采用冷弯法或热弯法均较困难时,常采用焊接弯管(俗称虾米弯)。

焊接弯头是指由若干个带有斜截面的直管段对接焊接起来的弯头。如图 2-26 所示,由两个端节和两个中节组成,其中端节为中节的一半,使端部断面保持圆形,便于和管道连接。焊接弯头不受管径大小、管壁厚度的限制,其弯曲角度、弯曲半径、组成节数根据设计要求或实际情况确定。曲率半径 R 越大,节数越多,弯头则平滑,对介质的阻力小,水力学特性好,反之则与上述情况相反。工程上常用的焊接弯头曲率半径和节数见表 2-1 所列。焊接弯头的展开画线与通风弯管相同,详见第 4 章内容。

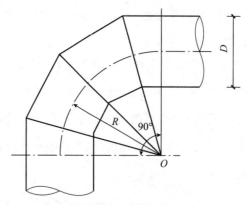

图 2-26　焊接弯头制作图

表 2-1　焊接弯头制作规格选用表

管径/mm	弯曲半径 R	节数 n（包括端节）			
		90°	60°	45°	30°
57～159	(1.0～1.5)D	4	3	3	3
219～318	(1.5～2.0)D	5	4	4	4
>318	(2.0～2.5)D	7	4	4	4

焊接制作时应注意两点：一是，管子切断成管节时，由于沿管壁斜切下料的影响，焊制成的弯头，常有不同的勾头现象，略小于需要的角度，应注意修正；二是，管子切断成节前，在长、短背素线上的切口处，应做上标记，以便于各管节之间的对接焊接，保障弯头平整。

焊接弯头由于采用直管段管节焊制成，管壁厚度、长度无变化，断面形状无变化，无加工变形和加工应力，所以弯头的强度、刚度比较好。但由于弯头是多边体焊件，中间有多条环形焊缝，弹性差、弯矩大、焊缝工作条件差，故焊接弯头不能用作自然补偿器。

由于焊接工艺的普遍应用，弯头规格不受限制，加工制作条件简单，成本低，所以焊接弯头在施工安装工程中，得到了广泛的应用。

2.2.3　钢管连接

管道的连接方法有螺纹连接、法兰连接、焊接连接、承插连接、卡套连接等。采用何种连接方法，在施工过程中视具体情况选定。

1. 钢管螺纹连接与管螺纹加工

钢管螺纹连接是在管段端部加工螺纹，然后拧上带内螺纹的管子配件（如管箍、三通、弯头、活接头等），再和其他管段连接起来构成管路系统。一般管径在 100 mm 以下，尤其是管径为 15～40 mm 的小管子都采用螺纹连接。定期检修的设备也采用螺纹连接，使拆卸安装较为方便。螺纹连接也适用于低压流体输送用焊接钢管、硬聚氯乙烯塑料管道等。

(1)钢管螺纹的连接

管螺纹有圆柱形和圆锥形两种。

如图 2-27(a)所示,圆柱形管螺纹的螺纹深度及每圈螺纹的直径皆相等,只是螺尾部分较粗一些。这种管螺纹接口严密性较差,仅用于长丝活接(代替活接头),其他用处较少。但管子配件(三通、弯头等)及丝扣阀门的内螺纹均为圆柱形螺纹,此种螺纹加工方便。

如图 2-27(b)所示,圆锥形管螺纹各圈螺纹的直径皆不相等,从螺纹的端头到根部成锥台形。这种管螺纹和柱形内螺纹连接时,丝扣越拧越紧,接口较严密。用电动套丝机或手工管子绞板(带丝)加工的螺纹为圆锥形管螺纹,因为绞板上的板牙是带有一定锥度的。

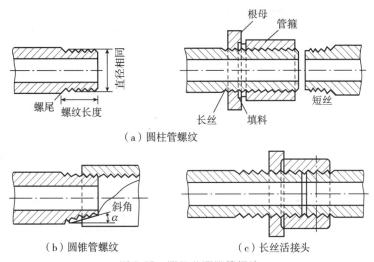

(a)圆柱管螺纹

(b)圆锥管螺纹　　　　　(c)长丝活接头

图 2-27　圆柱及圆锥管螺纹

管螺纹的连接方式有三种:圆柱形接圆柱形管螺纹、圆柱形接圆锥形管螺纹和圆锥形接圆锥形管螺纹。

圆柱螺纹接圆柱螺纹简称柱接柱,指管端的外螺纹与管件的内螺纹都是圆柱管螺纹的连接方式。由于制造公差,外螺纹直径略小于内螺纹直径。圆柱螺纹连接只是全部螺纹齿面间的压接,压接面积大,强度高,但压接面上的压强小、严密性差。这种连接方式主要用在长丝根母的接口连接(代替活接头)。

圆锥螺纹接圆柱螺纹简称锥接柱,指管端的外螺纹是锥螺纹、管件的内螺纹是柱螺纹的连接方式。由于只有锥螺纹的基面与柱螺纹直径相等,所有螺纹之间的连接既有齿面接触面上的压接,又有基面上的压紧作用,螺纹连接的强度和严密性都较好,是管道螺纹连接的主要接口形式。

圆锥螺纹接圆锥螺纹简称锥接锥,指管端的外螺纹与管件的内螺纹都是圆锥管螺纹的连接方式。随着连接件间的拧紧,螺纹之间的连接既有全部齿面间的压接,又有全部齿面上的压紧,接口的强度和严密性都很好,但由于内锥螺纹加工困难,这种接口形式大多应用在对接口强度和严密性要求都比较高的中、高压管道工程中或具有特定要求的油气管道中。

管螺纹的规格应符合规范要求,管子和螺纹阀门连接时螺纹长度应比阀门上内螺纹长度短1~2扣丝,以避免因管子拧过头顶坏阀芯。同理,其他接口管子外螺纹长度也应比所连接配件的内螺纹略短些。

(2)钢管螺纹的加工

管螺纹加工分为手工和电动机械加工两种方法,即采用人工绞板或轻便电动套丝机套丝。这两种机械的套丝结构基本相同,即绞板上装着4块板牙,用以切削管壁产生螺纹。从质量方面要求:螺纹应端正、光滑无毛刺、无断丝缺扣(允许不超过螺纹全长的1/10)、螺纹松紧度适宜,以保证螺纹接口的严密性。

如图2-28(a)所示为管子绞板的构造,在绞板的板牙架上设有4个板牙孔,用于装置板牙,板牙的进退调节是靠转动带有滑轨的活动标盘进行的。绞板的后部设有4个可调节松紧的卡子,套丝时用以把绞板固定在管子上。

如图2-28(b)所示为板牙的构造,套丝时板牙必须依1、2、3、4的顺序装入板牙孔内,切不可将顺序装乱,乱配了板牙就套不出合格的螺纹而出乱丝。一般在板牙尾部及板牙处均印有1、2、3、4序号字码,以便对应装入板牙。板牙每组4块能套2种管径的螺纹。使用时应按管子规格选用对应的板牙,不可乱用。

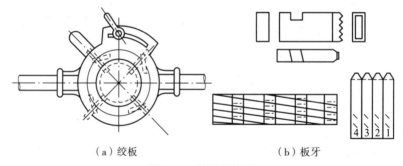

(a)绞板　　　　　　　(b)板牙

图2-28　绞板及板牙

在用绞板加工管螺纹时,应避免产生以下缺陷。

①螺纹不正。产生的原因:绞板上卡子未卡紧,因而绞板的中心线和管子中心线不重合;或手工套丝时两臂用力不均绞板被推歪;或管子端面锯切不正;或管壁厚薄不均匀。

②细丝螺纹。由板牙顺序弄错或板牙活动间隙太大造成,或由前遍与后遍套丝轨迹不重合造成。

③螺纹不光或断丝缺扣。由套丝时板牙进刀量太大,或板牙的牙刃不锐利,或牙有损坏处,或切下的铁渣积存等原因引起。在套丝时用力过猛或用力不均匀也会出现这些缺陷。

为了保证螺纹质量,套丝时一次进刀量不可太大,管径 15～20 mm 的管子宜分 2 次,25 mm 以上的管子丝扣如用手工套丝应不少于 3 次套成。有时管子端头被切成坡口,出现绞板打滑现象,这是因为板牙进刀量太大,应减小进刀量并用手锤将坡口打平再套丝。

④管螺纹横向或竖向出现裂缝。竖向裂缝是焊接钢管的焊缝未焊透或焊缝不牢所致。如果螺纹横向有裂缝,是板牙进刀量太大或管壁较薄而产生。薄壁管及一般无缝钢管不能采用套丝连接。

(3)螺纹连接的常用工具

常用的螺纹连接工具有管钳和链钳。链钳用于大管径和场地狭窄处的连接,但现在大管径多用焊接,故链钳现在很少采用。管钳为螺纹接口的主要拧紧工具,结构如图 2-29 所示,规格及使用范围见表 2-2 所列。其规格是以钳头张口中心到手柄尾端的长度来标称的,此长度代表转动力臂的大小。使用管钳时应当注意:小管径的管子若用大号管钳拧紧,虽因手柄长省力,容易拧紧,但也容易因用力过大拧得过紧而胀破管件;大直径的管子用小号管钳子,不仅费力、不容易拧紧,而且易损坏管钳,所以安装不同管径的管子应选用对应号数的管钳。使用管钳时不允许用管子套在管钳手柄上加大力臂,以免把钳颈拉断或钳颚被破坏。

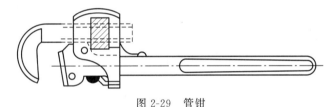

图 2-29　管钳

表 2-2　管钳的规格及适用范围

规格/mm	150	200	250	300	350	450	600	900	1200
工作范围 (管径)/mm	4～8	8～10	8～15	10～20	15～25	32～50	50～80	65～100	80～125

(4)填充材料

为了增加管子螺纹接口的严密性和维修时不致因螺纹锈蚀不易拆卸,螺纹处一般要加填充材料。因此填料既要能充填空隙,又要能防腐蚀。应注意的是,若管子螺纹套得过松,只能切去丝头重新套丝,而不能采取多加填充材料来防止渗漏,以保证接口长久严密。

选用的填料种类与介质的性质和参数(压力、温度等)有关。螺纹连接常用的填料:对热水采暖系统或冷水管道,可采用聚四氟乙烯胶带或麻丝沾白铅油(铅丹粉拌干性油),聚四氟乙烯胶带使用方便,接口清洁整齐;对于介质温度超过 115 ℃的管路接口,可采用黑铅油(石墨粉拌干性油)和石棉绳;对氧气管路,用黄丹粉拌甘油(甘油有防火性能);对氨管路,用氧化铝粉拌甘油。

2.钢管法兰的连接

法兰连接就是把固定在两个管口上的一对法兰中间放入垫片,然后用螺栓拉紧使其接合起来的一种可拆卸的接头。在中、高压管路系统和低压大管径管路中,凡是需要经常检修的阀门等附件与管道之间的连接、管子与带法兰的配件或设备的连接一般都采用法兰连接。法兰连接的特点:结合强度高、严密性好、拆卸安装方便,但法兰接口耗用钢材多、工时多、价格贵、成本高。

(1)法兰的类型

法兰一般是用钢板加工的,也有铸钢法兰和铸铁螺纹法兰。钢制管法兰按照《钢制管法兰 类型与参数》(GB/T 9112—2010)可分为平焊法兰、对焊法兰、平焊松套法兰、对焊松套法兰、翻边松套法兰、螺纹法兰等,结构如图 2-30 所示。其中平焊法兰用得最广泛。

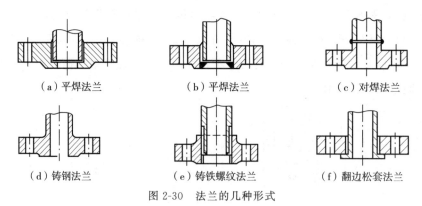

(a)平焊法兰　　　　　(b)平焊法兰　　　　　(c)对焊法兰

(d)铸钢法兰　　　　　(e)铸铁螺纹法兰　　　　(f)翻边松套法兰

图 2-30　法兰的几种形式

如图 2-31 所示为平焊法兰,平焊法兰与管子固定时,是将管道端部插至法兰承口底或法兰内口,且低于法兰内平面,焊接法兰外口或里口和外口,使法兰与管道连接。其优点在于焊接装配时较容易对中,且价格便宜,因而得到了广泛的应用。平焊法兰只适用于压力等级比较低,压力波动、振动及震荡均不严重的管道系统中。

如图 2-32 所示为对焊法兰,对焊法兰又称高颈法兰,它与其他法兰的不同之处在于法兰与管子焊接处到法兰盘有一段长而倾斜的高颈,此段高颈的壁厚沿高度方向逐渐过渡到管壁厚度,改善了应力的不连续性,因而增加了法兰强度。对焊法兰主要用于工况比较苛刻的场合(如管道热膨胀或其他荷载而使法兰处受的应力较大)、应力变化反复的场合,以及压力、温度大幅度波动的管道和高温、高压及零下低温的管道。

如图 2-33 所示为螺纹法兰,螺纹法兰是将法兰的内孔加工成管螺纹,并和带外螺纹的管子配合实现连接,是一种非焊接法兰。与焊接法兰相比,它具有安装、维修方便的特点,可在一些现场不允许焊接的场合使用,但在温度高于 260 ℃和低于 −45 ℃的条件下,建议不使用螺纹法兰,以免发生泄漏。

如图 2-34 所示为松套法兰,松套法兰俗称活套法兰,分为焊环活套法兰、翻边活套法兰和对焊活套法兰,多用于铜、铝等有色金属及不锈钢管道。松套法兰的连接实际也是通过焊接实现的,只是这种法兰是松套在已与管子焊接在一起的附属元件上,然后通过连接螺栓将附属元件和垫片压紧以实现密封,法兰(即松套)本身不接触介质。这种法兰连接的优点是法兰可以旋转,易于对中螺栓孔,在大口径管道上易于安装,也适用于管道需要频繁拆卸以供清洗和检查的地方。其法兰附属元件材料与管子材料一致,而法兰材料可与管子材料不同(法兰的材料多为 Q235、Q255 碳素钢),因此比较适用于输送腐蚀性介质的管道。但松套法兰耐压不高,一般仅适用于低压管道的连接。

图 2-31　平焊法兰

图 2-32　对焊法兰

图 2-33　螺纹法兰

图 2-34　松套法兰

　　法兰既可采用成品,也可以按照国家标准在现场加工。法兰盘的尺寸标注如图 2-35所示,通用制造标准见表 2-3 所列。需要在现场加工法兰盘时,应提前安排加工。法兰盘画线下料时,应注意节约用料。法兰盘的外缘和内孔应留有切削加工余量。管道与阀门或设备采取法兰连接时,应按阀门或设备上的法兰盘配制。

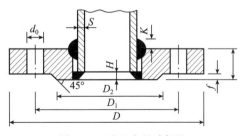

图 2-35　法兰盘尺寸标注

表2-3　公称压力PN≤0.25、PN0.6~4.0的法兰连接尺寸

公称直径 /mm DN	PN≤0.25 (2.5 kg/cm²)					PN≤0.6 (6 kg/cm²)					PN≤1.0 (10 kg/cm²)					PN≤1.6 (16 kg/cm²)					PN≤2.5 (25 kg/cm²)					PN≤4.0 (40 kg/cm²)				
	D	D_1	d_0	T_n	n	D	D_1	d_0	T_n	n	D	D_1	d_0	T_n	n	D	D_1	d_0	T_n	n	D	D_1	d_0	T_n	n	D	D_1	d_0	T_n	n
6						65	40	11	M10	4	按PN4.0					按PN4.0					按PN4.0					75	50	11	M10	4
8						70	45	11	M10	4																80	55	11	M10	4
10						75	50	11	M10	4																90	60	13.5	M12	4
15						80	55	11	M10	4																95	65	13.5	M12	4
20	按PN0.6					90	65	11	M10	4																105	75	13.5	M12	4
25						100	75	11	M10	4																115	85	13.5	M12	4
32						120	90	13.5	M12	4																140	100	17.5	M16	4
40						130	100	13.5	M12	4																150	110	17.5	M16	4
50						140	110	13.5	M12	4																165	125	17.5	M16	4
65						160	130	13.5	M12	4	按PN1.6					185	145	18	M16	4						185	145	17.5	M16	8
80						190	150	17.5	M16	4	按PN4.0					按PN4.0										200	160	17.5	M16	8
100						210	170	17.5	M16	4	按PN1.6					220	180	17.5	M16	8						235	190	22	M20	8
125						240	200	17.5	M16	8						250	210	17.5	M16	8						270	220	26	M24	8
150						255	225	17.5	M16	8						285	240	22	M20	8						300	250	26	M24	8
175						295	255	17.5	M16	8						315	270	22	M20	8	330	280	26	M24	12	350	295	30	M27	12
200						320	280	17.5	M16	8	340	295	22	M20	8	340	295	22	M20	12	360	310	26	M24	12	375	320	30	M27	12
225						345	305	17.5	M16	8	370	325	22	M20	8	370	325	26	M24	12	395	340	30	M27	12	420	355	33	M30	12
250						375	335	17.5	M16	12	395	350	22	M20	12	405	355	26	M24	12	425	370	30	M27	16	450	385	33	M30	12
300						440	395	22	M20	12	445	400	22	M20	12	460	410	26	M24	16	485	430	30	M27	16	515	450	33	M30	16
350						490	445	22	M20	12	505	460	22	M20	16	520	470	30	M27	16	555	490	33	M30	16	580	510	36	M33	16
400						540	495	22	M20	16	565	515	26	M24	16	580	525	30	M27	20	620	550	36	M33	20	660	585	39	M36	16
450						595	550	22	M20	16	615	565	26	M24	20	640	585	30	M27	20	670	600	36	M33	20	685	610	39	M36	20
500						645	600	22	M20	20	670	620	26	M24	20	715	650	33	M30	20	730	660	36	M33	20	755	670	42	M39	20
550						705	665	26	M24	20	730	675	26	M24	20	775	710	33	M30	20	785	710	39	M36	20	835	740	48	M45	20
600						755	705	26	M24	20	780	725	30	M27	20	840	770	36	M33	24	845	770	39	M36	24	890	795	48	M45	20
650						810	760	26	M24	20	835	780	30	M27	24	910	840	36	M33	24	895	820	39	M36	24	945	850	48	M45	24
700						860	810	26	M24	24	895	840	30	M27	24	970	900	36	M33	24	960	875	42	M39	24	995	900	48	M45	24
750						920	865	30	M27	24	965	900	33	M30	24	1025	950	39	M36	24	1020	935	42	M39	24	1080	970	56	M52	24
800						975	920	30	M27	24	1015	950	33	M30	24	1125	1050	39	M36	28	1085	990	48	M45	24	1140	1030	56	M52	28
900						1075	1020	30	M27	24	1115	1050	33	M30	28	1255	1170	42	M39	28	1185	1090	48	M45	28	1250	1140	56	M52	28
1000						1175	1120	30	M27	24	1230	1160	36	M33	28						1320	1210	56	M52	28	1360	1250	56	M52	28

注：DN—管道公称直径；D—法兰外径；D_1—螺栓孔中心圆直径；d_0—螺栓孔直径；T_n—螺栓的螺纹；PN—管道公称压力（MPa）。

(2)法兰与管子的连接

法兰盘与管子螺纹连接,适用于钢管与铸铁法兰盘的连接,或镀锌钢管与钢法兰盘的连接。在加工螺纹时,管子的螺纹长度应稍短于法兰盘的内螺纹长度,螺纹拧紧时应注意两个法兰盘的螺栓孔对正,若孔未对正,只能继续拧紧法兰盘或拆卸后重装,不能将法兰回松对孔,以保证接口严密不漏。

焊接法适用于平焊法兰、对焊法兰及铸钢法兰与管子连接。焊接时要保持管子和法兰垂直,其允许偏差见表 2-4 所列;在法兰的连接面上,焊肉不得突出,飞溅在表面上的焊渣或形成的焊瘤应铲除干净。管口不得与法兰连接面平齐,应凹进 1.3～1.5 倍管壁厚度或加工成管台。

表 2-4　法兰焊接允许偏差值

	公称直径/mm	≤80	100～250	300～350	400～500
	法兰盘允许偏斜值 a/mm	±1.5	±2	±2.5	±3

管子翻边松套法兰,主要用于铸铁法兰盘与钢管连接、钢制法兰与有色金属管(铅管、铝管、铜管)及塑料管的连接。此外,一个管段两头均需用法兰连接时,可以先焊好一头的法兰,另一头可套上法兰。将此管段安装就位对准螺栓孔后再焊接,翻边松套法兰安装时,先将法兰套在管子上,再将管子端头翻边,翻边要平正成直角,无裂口损伤,不挡螺栓孔。

(3)接口质量的检查

法兰连接时,两个法兰的连接面应平正且互相平行,其允许偏差见表 2-5 所列,应在法兰连接螺栓全部拧紧后,测量 a 和 b 的数值。法兰的密封面(即法兰台)加工应符合标准和无损伤,垫圈厚薄要均匀。上螺栓时要对称拧紧,接口压合严密,如果不对称拧紧,会使垫圈局部压扁或挤偏,造成接口不严密。两个法兰盘如不平行,也会出现上述结果。

表 2-5　法兰密封面平行度允许偏差值

	公称直径/mm	允许偏差(a～b)/mm	
		PN<1.6	PN=1.6～1.0
	≤100	0.20	0.10
	>100	0.30	0.15

（4）法兰连接用垫料

为使法兰封面严密压合以确保接口的严密性，两法兰盘间必须加入垫料。垫料应具有良好的弹性，使其能压入密封线或与法兰密封面压紧，而且还能耐腐蚀。垫料应根据介质的性质和参数（工作压力、工作温度等）、法兰密封面的形式和设计要求等条件确定。设计无明确规定时，可参考表2-6选用。

表2-6　法兰型式与垫片选用参考表

输送介质	公称压力/MPa	介质温度/℃	法兰型式	垫片材质
冷水、空气、盐水、酸碱稀溶液	≤1.0	<60	光滑面平焊	工业橡胶板
				软聚氯乙烯板
乳化液	≤1.0	<90	光滑面平焊	低压橡胶石棉板
酸类	≤1.6	≤200		中压橡胶石棉板
热水	<2.5	≤300	光滑面对焊	中压橡胶石棉板
化学软水	<2.5	301～405		缠绕式垫片
蒸汽	<4.0	≤450	凹凸面对焊	缠绕式垫片
冷凝水	6.4～20	<660		金属齿型垫片
天然气 煤气 氢、氮气	≤1.6	≤300	光滑面平焊	低、中压橡胶石棉板
	2.5	≤300		中压橡胶石棉板
	4.0	<500	凹凸面对焊	缠绕式垫片
	6.4	<500		金属齿型垫片
油及油气	2.5	≤200	光滑面平焊	耐油橡胶石棉板

使用法兰垫料时应注意如下事项：一副法兰只垫一个垫圈，不许加双垫圈或偏垫，因为垫圈层数越多，可能渗漏的缝隙越多，加之日久以后垫圈材料疲劳老化，接口易渗漏；垫片的内径不得小于法兰的孔径，外径应小于相对应的两个螺栓孔内边缘的距离，使垫圈不遮挡螺栓孔；垫圈边宽应一致；对不涂敷黏接剂的垫圈，在制做垫圈时应留一个手把，以便于安装，如图2-36所示。

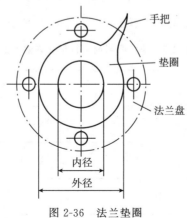

图2-36　法兰垫圈

3. 钢管焊接

随着工业生产的发展,管道直径越来越大和高温高压的管道日益增多,螺纹连接远不能满足需要,焊接应用则颇为广泛。钢管焊接是将管子接口处及焊条加热,达到使金属熔化的状态,而使两个被焊件连接成一整体。焊接的方法很多,但一般管道工程上最常用的是手工电弧焊及氧-乙炔气焊,尤其是电弧焊用得最多。

焊接连接的优点:接头强度高,牢固耐久,接头严密性高,不易渗漏,不需要接头配件,造价相对较低,工作性能安全可靠,不需要经常维护检修。焊接的缺点:接口是固定接口,不可分离,拆卸时必须把管子切断,接口操作工艺要求较高,需受过专门培训的焊工配合施工。

(1)管子的坡口加工

为了保证焊缝的抗拉强度,焊缝必须达到一定熔深。因此对要焊接的管口必须切坡口和钝边。施焊时两管口间要留一定的间距,电弧焊和气焊的要求分别见表 2-7 和表 2-8 所列,其间距大小可根据焊件的厚薄确定,一般是焊件厚度的 30%～40%,电焊法间距可比气焊法间距略小些,焊肉底不应超过管壁内表面,更不允许在内表面产生焊瘤。

表 2-7　手工电弧焊对口形式及要求

接头名称	对口形式	接头尺寸/mm			坡口角度 α/度	备注
		壁厚 δ	间隙 c	钝边 p		
管子对接 V 形坡口		5～8	1.5～2.5	1～1.5	60～70	$\delta \leqslant 4$ mm 管子对接如能保证焊透可不开坡口
		8～12	2～3	1～1.5	60～65	

表 2-8　氧-乙炔气焊对口形式及要求

接头名称	对口形式	接头尺寸/mm			坡口角度 α/度
		壁厚 δ	间隙 c	钝边 p	
对接不开坡口		<3	1～2	—	—
对接 V 形坡口		3～6	2～3	0.5～1.5	70～90

坡口的加工方法可分为电动机械加工及手工坡口两种方法。电动机械加工的质量好,适用于直径 32～219 mm 的钢管,其中手提式磨口机体积小、重量轻,便于现场携带,

使用方便。手工坡口方法经常被用于现场条件较复杂的环境,其特点是操作方便、受条件限制少。有手锤和扁铲凿坡口、风铲打坡口及用氧气割坡口等几种方法。其中以氧气割坡口法用得较多,但气割的坡口必须将氧化铁渣清除干净,并将凸凹不平处磨平整。

(2)电弧焊接

电弧焊接可分为自动焊接和手工电弧焊接两种方式,大直径管口的焊接用自动焊既节省劳动力,又可提高焊接质量和速度。本节着重介绍常用的手工电弧焊接的一般知识,其他如埋弧焊、电渣焊、接触焊、滚焊、氩弧焊等在一般建筑设备管道工程中不常用,可参阅有关专业书籍。

手工电弧焊按采用直流电焊机或交流电焊机均可。用直流电焊接时电流稳定,焊接质量较好,但往往施工现场只有交流电,所以施工现场一般采用交流电焊机进行焊接。以下分别介绍电焊机、电焊条及操作要求。

①电焊机。电焊机由变压器、电流调节器及振荡器等部件组成。各部件的作用介绍如下。

变压器的作用是将常用的 220 V 或 380 V 电源电压变为焊接需要的 55~65 V 安全电压。

电流调节器的作用是根据金属焊件的厚薄,对焊接电流进行相应调节;一般可按所用焊条直径的 40~60 倍来确定焊接电流的大小,焊条细所用电流可用 40 倍,焊条粗所用电流可用 60 倍。如焊条直径为 7 mm,则电流应为 $7 \times 60 = 420$ A;焊条直径为 2.5 mm,则电流应为 $2.5 \times 40 = 100$ A。焊条粗细应根据焊件的厚度选用,一般电焊条的直径不应大于焊件的厚度,通常钢管焊接采用直径 3~4 mm 的焊条。

振荡器的作用是提高电流的频率,将电源的频率由 50 Hz 提高到 250 000 Hz,使交流电的交变间隔趋于无限小,增加电弧的稳定性,以利于焊接和提高焊缝质量。

②电焊条。电焊条由焊条芯和焊药层组成,其中焊药层的作用是依靠焊药层熔化后形成的焊渣和气体保护焊缝免受空气中氧和氮等气体侵入,防止铁水氧化或氮化,避免焊缝中出现气孔等缺陷。另外还可由焊药向铁水内加入合金元素,提高焊缝处金属质量。

焊条按焊药厚薄分为薄药焊条和厚药焊条两种,经常采用厚药焊条,因它的性能较好。受潮湿的焊条使用时不易点火起弧,且电弧不稳定易断弧,所以焊条存放时要注意干燥防潮。焊条根据熔渣特性分为酸性焊条和碱性低氢型焊条。酸性焊条容易使焊缝产生气孔,用在低碳钢和不重要的结构钢的焊接。碱性低氢型焊条,使焊缝金属合金化的效果好,不易产生气孔,主要用于高强度低合金钢和各种性能合金钢的焊接。

③基本操作。焊接时的运条过程是:引弧→沿焊缝纵方向直线运动,同时向焊件送焊条→熄弧。或者引弧→沿焊缝做直线运动,同时向焊件送焊条,并做横向摆动→熄弧。

引弧方法通常有两种：一是接触引弧法,焊条垂直对焊件碰击,然后迅速将焊条离开焊件表面4～5 mm,便产生电弧;二是擦火引弧法,将焊条像擦火柴似的擦过焊件表面,随即将焊条提起距焊件表面4～5 mm,便产生电弧。对送条动作的要求是填满熔池并保持适当的电弧长度,将焊条端部逐渐往坡口边斜前方拉,同时逐渐抬高电弧,以逐步缩小熔池。

④焊接要求。管子对接焊时,其对口的错口偏差不得超过管壁厚的20%,且不超过2 mm;管子对接焊缝应饱满,且高出焊件1.5～2 mm;应根据焊条直接选择合适的焊接电流,见表2-9所列,以防止因电流不合适而出现咬边、未熔合、未焊透等焊接缺陷。

表 2-9　焊接电流选用表

焊条直径/mm	2	3	4	5	6	7	8
电流强度/A	60～85	80～130	140～200	220～280	250～350	350～450	450～550

⑤电焊的安全措施。电弧光中有强烈的紫外线,对人的眼睛及皮肤均有损害。焊接人员必须注意防护电弧光对人体的照射,电焊操作时必须带上防护面罩和手套。此外,在敲击热焊渣时,注意防止焊渣飞溅烫伤皮肤,防止焊渣飞溅入周围易燃材料中酿成火灾,过早地敲掉焊渣对防止焊口金属氧化也不利,故焊渣应待冷却后除去为宜。当电线与电焊钳接触不良时,焊钳会发高热烫手,影响操作。电焊机应放置在避雨干燥的地方,防止短路漏电不安全。

(3)气焊

气焊是用氧-乙炔进行焊接。氧和乙炔的混合气体的燃烧温度可达到3 100～3 300 ℃,借助于这个化合过程所放出的大量化学热熔化金属,进行焊接。

①气焊常用材料及设备。

a.电石(CaC)。电石是石灰和焦炭在电炉中焙烧化合而成,电石与水作用分解产生乙炔(C_2H_2)。每1 kg电石可产生乙炔230～280 dm³(需用水5～15 dm³)。可在集中式乙炔发生站,将乙炔装入钢瓶内,输送到各用气点,这样既方便又安全经济。

b.氧气。焊接用的氧气一般是用空气分离法提取的,要求纯度达到98%以上。氧气厂生产的氧气以15 MPa的压力注入钢瓶中,运送到工地或用户供使用。氧气瓶用厚钢板制成,满瓶氧气的压力为15 MPa,氧气量为7 m³,空瓶约重70 kg;使用时瓶中高压氧气必须经压力调节器降压至0.3～0.5 MPa供焊炬使用。氧气瓶及压力调节器均忌沾油脂;也不可放在烈日下曝晒,应存放在阴凉处并注意防火;与乙炔发生器要有5m以上的距离,防止发生安全事故。

c.焊条(丝)。钢管焊接用的焊丝,其金属成分应与钢管金属成分一致,不能用一般铁丝作为焊丝,焊丝表面应干净,无锈、油脂及其他污垢。

d. 高压胶管(风带)。它用于输送乙炔及氧气至焊炬,应有足够的耐压强度,氧气管(红色、内径 8 mm)应当用 2 MPa 气压,乙炔管(黑色或绿色、内径 10 mm)用 0.5 MPa 气压进行压力试验。气焊胶管长度一般不小于 30 m,胶管质料要柔软便于操作。

e. 焊炬(焊枪)。射吸式焊炬的外形及构造如图 2-37 所示;氧和乙炔在焊炬的混合室中混合,从焊嘴喷射出点燃;焊炬上氧和乙炔的管路上设有调节阀门,可以调节供气量从而调节焊接火焰。焊嘴可以拆卸,焊件厚薄不同,选用不同规格的焊嘴。

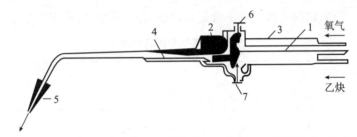

1—炬柄;2—喷嘴;3—氧气管;4—混合室;5—焊嘴;6—氧气阀;7—乙炔阀。

图 2-37　射吸式焊炬示意图

②气焊基本操作。在焊接过程中,为了获得优质美观的焊缝,常使焊炬和焊丝做各种均匀协调的摆动。焊接火焰指向未焊部分,焊丝位于火焰的前方。用气焊进行钢管焊接时,可采用定位焊法,其目的是使焊件的装配间隙在焊接过程中保持不变,以防焊后工件产生较大的变形;管子定位焊时,直径小于 50 mm 的管子接焊口只需定位焊两点,管径较大时应采用对称定位焊。

(4)焊接方式

根据气焊和电焊操作位置不同,焊接方式可分为平焊、立焊、横焊、仰焊 4 种情况,如图 2-38 所示。平焊又称俯焊,较其他三种形式容易操作;立焊又称直焊,宜由下向上焊,且应采用较细的焊条和较小的电流以便于操作;仰焊也称顶焊,较难操作,电弧仰焊也宜用细焊条、小电流和短电弧间歇焊法,仰焊电流比平焊电流宜小 10%～20%。钢管焊接的结构形式为对接焊和角接焊,如图 2-39 所示,即在一个焊口中往往平、立、横、仰 4 种方式都用到。

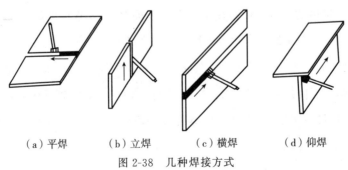

（a）平焊　　　（b）立焊　　　（c）横焊　　　（d）仰焊

图 2-38　几种焊接方式

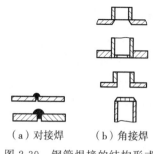

（a）对接焊　　（b）角接焊

图 2-39　钢管焊接的结构形式

（5）焊接质量检查

焊接结束后，应从以下 3 个方面对焊缝进行质量检查。

①外观检查。用眼睛观察检查或用放大镜检查。检查焊缝处焊肉的波纹粗细、厚薄均匀规整等。加强面的高度和宽度尺寸应合乎标准（见表 2-10 及表 2-11 所列）。焊缝处无纵横裂纹、气孔及夹渣；管子内外表面无残渣、弧坑和明显的焊瘤。

表 2-10　电焊焊缝加强面的高度和宽度

管壁厚度/mm	无坡口		有坡口		焊缝形式
	焊缝加强高度 h/mm	焊缝宽度 b/mm	焊缝加强高度 h/mm	焊缝宽度 b/mm	
2～3	1～1.5	5～6	—	盖过每边坡口约 2 mm	
4～6	1.5～2	7～9	1.5～2		
7～10	—		2		

表 2-11　氧-乙炔气焊焊缝加强面的高度和宽度

管壁厚度/mm	焊缝加强高度 h/mm	焊缝宽度 b/mm	焊缝形式
1～2	1～1.5	4～6	
3～4	1.5～2	8～10	
5～6	2～2.5	10～14	

②严密性检查。一般水及供热管道系统常用水压试验、气压试验或浸油试验检查焊口的严密性，对于高温高压或有特殊要求的管道焊接口可用 γ 射线透视或用超声波探伤。一般水压试验和气压试验压力为工作压力的 1.25～1.5 倍，要求在规定的试验压力下，进行检查不渗水漏水为合格。

③强度检查。检查焊缝是否达到规定的机械强度。检查时一般在所有焊口或焊缝中抽检 5% 进行强度试验，主要是进行拉伸试验及静力弯曲试险。

焊缝的抗拉强度应大于母材(管壁)强度的85%,即

$$\sigma_h \geqslant 0.85\sigma_g$$

$$\sigma_h = P/F$$

式中,σ_h——焊缝的抗拉强度,单位 MPa;

σ_g——母材的抗拉强度,单位 MPa;

P——拉伸试验的破坏力,单位 N;

F——焊缝的断面积,单位 cm^2;

弯曲试验是当弯曲角达到70°(气焊)或100°(电焊)时,弯曲面上无裂缝为合格。

2.3 硬聚氯乙烯塑料管的加工及连接

2.3.1 塑料管的加工

塑料管在安装前的加工包括冷加工和热加工。冷加工就是常温状态下进行的机械加工,如切割、坡口和钻孔等。热加工就是利用塑料的热塑性,把它加热软化后加工成所需要的形状,如弯管、管口扩胀或翻边等。

1.冷加工

塑料管的切割一般可用钢锯或木锯人工直接切割;管材的坡口可以人工用锉刀锉坡口,也可以用坡口机或机床加工坡口,然后用粗锉磨坡口表面;硬聚氯乙烯塑料的钻孔可用普通钻床、手提式电钻或手摇钻直接钻孔。

2.热加工

(1)弯管

塑料热煨弯管应采用无缝塑料管加工制作。弯曲半径为管子公称直径的3.5~4倍。加工前应先用木材(也可以用型钢)根据弯管外径和弯曲半径制作好胎模。弯管时,先将塑料管的一端用木塞塞紧,管内用无杂质的干细砂填实,以防止弯管过程中发生截面形状变形,填完后用木塞将管子另一端堵死。然后在蒸汽加热箱或电加热箱内加热到130~150 ℃,加热长度应稍大于弯管的弧长。加热时,应使加热箱的温度达到需要温度后,再将要加热的管子放入加热箱内,加热时间根据管径大小而定,可参照表2-12。管子加热至要求时间后,迅速从加热箱内取出,放入弯管胎模内成型,用水冷却后,从胎模内取出立即倒出管内的砂子,并继续用水冷却。考虑到弯管在冷却后有回缩现象,所以在弯曲时,应使弯曲角度比要求的角度大2°左右。

表 2-12　塑料管煨弯加热时间

公称通径/mm	≤65	80	100	150	200
加热时间/min	15～20	20～25	30～35	45～60	60～75

(2)管口扩胀

塑料管采用承插口连接时,必须预先将管子的一端扩胀为承口。扩胀前,将管子预备加工为承口的一端加工成 45°的内坡口,将作为插口的一端加工成 45°的外坡口,如图 2-40 所示。再将管子扩张端均匀加热,加热的长度:做扩口时为 20～50 mm,做承插口时为管径的 1～1.5 倍;加热温度:硬聚氯乙烯管、聚氯乙烯管为 120～150 ℃,聚丙烯管为 160～180 ℃;加热方法:采用蒸汽间接加热或用甘油直接加热,如图 2-41 所示为简易甘油加热锅。做承口时,将带有外坡口的管子插入加热变软的带有内坡口的管端内,使其扩大为承口。练成型后,再将插口的管端拔出。做扩口时,金属模具也应预热至80～100 ℃。

(3)管口翻边

塑料管采用卷边松套法兰连接时,必须预先在管口翻边。翻边时应先在甘油加热锅内进行加热。加热温度及加热时间与管口扩胀相同。管端加热后,套上钢法兰,再将管子固定在翻边器上,然后将预热至 80～100 ℃的翻边内胎模(图 2-42)推入加热变软的管口,使管口翻成垂直于管子轴线的卷边,成型后退出翻边胎模,并且用水冷却。

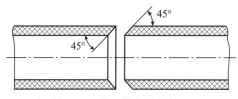

图 2-40　管口扩张前的坡口

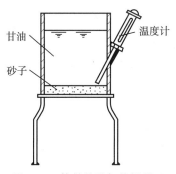

图 2-41　简易甘油加热锅图

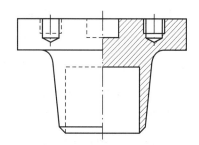

图 2-42　塑料管翻边内胎模

2.3.2　塑料管的连接

塑料管的连接方法主要有对接焊接、热熔连接、电熔连接、承插连接和法兰连接等。

1.对接焊接

硬聚氯乙烯塑料管的连接广泛采用的是热空气焊接法。热空气采用经过滤后的无油无水的压缩空气,通过电热焊枪加热成为热空气,由焊枪的喷嘴喷出,使焊件和焊条被加热到熔融状态而连接在一起。焊接设备及其配置如图 2-43 所示。

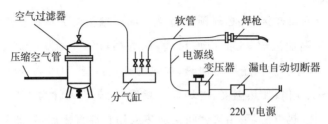

图 2-43　热空气焊接设备及其配置示意图

焊接前,应选用合适的焊条,塑料焊条的化学成分应与焊件的化学成分一致,焊条直径根据所焊管子的壁厚选用,可参见表 2-13 所列。但是,要注意焊缝根部的第一根打底焊条,通常采用直径为 2 mm 的细焊条。

表 2-13　塑料焊条规格的选用

管子壁厚/mm	2～5	5.5～15	>15
焊条直径/mm	2～2.5	3～3.5	3.5～4

焊接的管端应开 60°～80°坡口,留 1 mm 的钝边,对口间隙为 0.5～1.5 mm。焊缝处应清洁,不得有油、水及污垢。焊接时,压缩空气的压力应保持在 0.05～0.1 MPa,可由气流控制阀调节。如果压力过高,会吹毛焊缝表面;如果压力过低,又会影响焊接速度。

焊接气流的温度为 230～250 ℃,它是通过调压变压器来调节焊枪内电热丝的供电电压进行控制的。如果温度过高,会使焊缝与焊条被烧焦;如果温度过低,又会使焊接速度减慢,并且焊条不能充分熔融,使焊条与焊件之间不能很好黏合。

焊接操作时,左手持焊条,手指捏在焊条距焊接点 100～120 mm 处,并对焊条施以大约 10 N 的压力,焊条必须与焊缝垂直。右手持焊枪,焊枪喷嘴距焊条与焊缝的接触点 7～10 mm,喷嘴与焊条的夹角为 30°～40°。焊枪应均匀地摆动,摆动频率和幅度可根据焊接温度的高低灵活掌握,要使焊条与焊件同时被加热。焊接速度与焊接温度和焊条直径有关,操作时既要使焊条充分熔融,又要做到无烧焦现象。焊缝中焊条必须排列紧密,不能有空隙。各层焊条的接头必须错开。焊缝应饱满、平整、均匀,无波纹、断裂、吹毛和未焊透等缺陷,焊缝焊接完毕,应使其自然冷却。

2.热熔连接和电熔连接

热熔连接的原理:利用电加热元件所产生的高温加热连接面,直至熔化,然后抽去加热元件,将两连接件迅速压合,冷却后即牢固地连接。焊接时,先将连接的塑料管放在焊接工具的夹具上固定,应注意的是清除管端的氧化层、油污,管端间隙一般不超过 0.5 mm。再用加热元件加热两管口,使之熔化 1～2 mm,去掉加热元件,以 0.1～0.25 MPa 的压力加压 3～10 min,使熔融表面连接成一体。操作时应注意:去掉加热元件后,要以均匀的速度施压,使两个端面的熔融物能均匀地熔合在一起,并且在两个管的端面结合处内外环向位置的熔融物均匀产生回滚,形成比较完好美观的两条熔融圈。在其完全冷却后,即形成一个标准的熔融对接接口。小管径塑料管的热熔连接如图 2-44 所示,表 2-14 列出了热熔连接的技术参数。

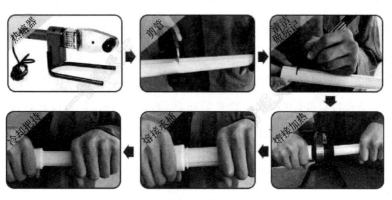

图 2-44　小管径塑料管的热熔连接

表 2-14　热熔连接的技术参数

公称外径/mm	热熔深度/mm	加热时间/s	加工时间/s	冷却时间/min
20	14	5	4	3
25	16	7	4	3
32	20	8	4	4
40	21	12	6	4
50	22.5	18	6	5
63	24	24	6	6
75	26	30	10	8
90	32	40	10	8
110	38.5	50	15	10

电熔连接的原理:预埋在电熔管件内表面的电阻丝通电发热,使电熔管件内表面和承插管材的外表面达到熔化温度,并产生压力,冷却后融为一体,达到熔接目的。此种连接方式由专用的电熔焊机(图 2-45),按照一定的规则控制流过管件中埋设的电阻丝中的电流量,使其合理发热,加热管件与管件的连接界面。这种接口方式,操作简单、人为因素少、熔接质量好,但管件价格较高,接口成本较高,适用于不方便使用器具热熔或熔接要求高的场合。

图 2-45　电熔焊机

热熔连接和电熔连接适用于 PE 管、PE-RT 管、PP-R 管、PB 管、PEX 管的连接。

3.承插连接

塑料管采用承插连接时,应先用酒精或丙酮将承口内壁和插口外壁擦净,再均匀地涂上一层 20％的过氯乙烯树脂与 80％的二氯乙烷(或丙酮)组成的黏接剂,然后将插口插入承口内,要使接头插足,承插口之间应结合紧密,间隙不得大于 0.3 mm,最后用硬聚氯乙烯塑料焊条将接口处焊接起来,如图 2-46 所示。这种连接的强度较好、耐压较高,直径相同的管子最好采用这种连接形式。

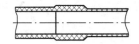

图 2-46　塑料管的承插连接

4.法兰连接

塑料管的法兰连接结构简单、可以拆卸,但不耐高压,可用于常压或压力不高的管道的连接。常用的有卷边松套法兰连接和平焊法兰连接两种。

塑料管采用法兰连接时,密封面应使用软塑料做垫片,防止拧紧螺栓时损坏法兰。

(1)卷边松套法兰连接

此种连接是在管口已翻边的塑料管套上钢制法兰,并用螺栓紧固连接,如图 2-47(a)所示。

(2)平焊法兰连接

此种连接是将用塑料板制成法兰,直接平焊在管子端头上,然后用金属螺栓紧固连接,如图 2-47(b)所示。法兰内径的两面都车成 45°角的坡口,且两面都应与管子焊接。法兰密封面上多余的焊条,必须用锉刀锉平。

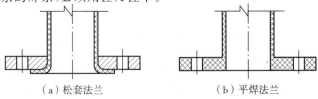

（a）松套法兰　　　　　　　　　（b）平焊法兰

图 2-47　塑料管的法兰连接

学 习 小 结

　　本章主要讲述了建筑环境与能源系统中管道的调直、切断、套丝、煨弯及制作异形管件等管道加工方法,以及焊接、螺纹连接及法兰连接等管道连接方法,等内容。旨在培养学生尊重规范和图纸、遵守操作规程和符合质量标准的意识,以及以保证整个工程达到"全优工程"的工匠精神。同时培养学生动手实践、问题处理和施工组织管理的能力,使学生具备建筑环境与能源系统中管道加工与连接的劳动实践能力和实际管道加工与连接工程的美学鉴赏能力。

知 识 网 络

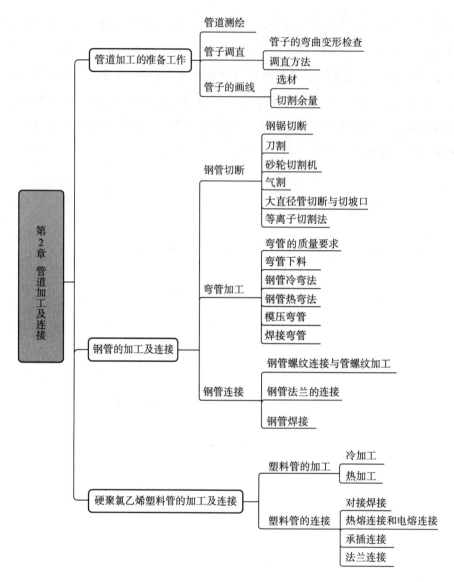

思 考 题

1.简述管道加工机械的进步对建筑环境劳动实践的意义和作用。

2.管子的加工方法都有哪些？分别都用到哪些工具？

3.管子连接方法都有哪些？分别都用到哪些工具？

4.钢管和塑料管的连接方式有何异同？

关 键 词 语

管道加工 pipe processing
管道连接 pipe connection

第3章 采暖管道及设备安装

导 读

采暖(heating)管道及设备安装,即按照施工图样、施工验收规范和质量检验评定规定标准的要求,将设备安装就位并与管道连接,组成满足生活和生产要求的采暖供热系统。

本章首先介绍采暖系统施工图的识读,然后介绍室内采暖系统及设备的安装。通过老师讲解和小组实践,使学生了解并掌握采暖系统施工图的识读方法和室内采暖系统的安装方法培养学生建筑环境与能源系统中采暖管道及设备安装的劳动实践能力和采暖实际工程的美学鉴赏能力,动手实践、问题处理和施工组织管理能力,尊重规范和图纸、遵守操作规程和符合质量标准的意识;让学生明白分工与合作的重要性,培养学生的合作共赢意识、职业意识和爱岗敬业的职业素质,锤炼保证整个工程达到"全优工程"的工匠精神。

3.1 采暖系统施工图的识读

采暖系统施工图包括目录、设计说明、主要设备及材料表、平面图、轴测图和详图等。目录是对图样的编号,并注有图样名称。设计说明表明有关设计参数、设计范围和施工安装要求。详图表明设备的制造、管件的加工和某些局部安装的特殊要求和做法。平面图表示设备和管道的平面位置。轴测图表示设备和管道的空间位置,常用斜等测图画法表示。

3.1.1 采暖系统施工图的表示方法

1.一般规定

近几年,采暖设备和系统呈多样化的趋势,并且采暖和空调系统越来越多地融合在一起,因此在《暖通空调制图标准》(GB/T 50114—2010)中,没有单独对采暖系统的画法进行规定,具体针对采暖系统画法的规定也很少,但是由于旧标准 GBJ 114—1988 已经执行多年,采暖行业也约定俗成地形成了许多习惯画法。本章根据现行制图标准和行业习惯画法,介绍采暖识图方法。

(1)系统代号。采暖系统的代号为 N。

(2)比例。采暖系统的比例宜与工程设计项目的主导专业(一般为建筑)一致。

(3)基准线宽。B 可在 1.0 mm、0.7 mm、0.5 mm、0.35 mm、0.18 mm 中选取。

(4)线型。采暖系统中一般用粗实线表示供水管,用粗虚线表示回水管。散热设备、水箱等用中粗线表示,建筑轮廓及门窗用细线表示,尺寸、标高、角度等标注线及引出线均用细线表示。坡度宜用单面箭头表示。

(5)采暖系统中管道一般采用单线绘制,由于目前室内采暖管道大多采用焊接钢管,因此标注用 DN,也有一些室内采暖系统采用塑料管,应用 d。

(6)管径尺寸标志的位置,应符合如下规定:管径尺寸应注在变径处;水平管径的管径尺寸应注在管道的上方;斜管道的管径尺寸应注在管道的斜上方;竖管道的管径尺寸应注在管道的左侧;当管径尺寸无法按上述位置标注时,可另找适当位置标注,但应用引出线示意该尺寸与管段的关系;同一种管径的管道较多时,可不在图上标注管径尺寸,但应在附注中说明。

2.平面图表示方法

(1)平面图中管道系统宜用单线绘制。平面图上本专业所需的建筑物轮廓应与建筑图一致。

(2)采暖入口的定位尺寸应为管中心至所邻墙面或轴线的距离。

(3)各种形式散热器(radiator)的规格及数量,应按下列规定标注:柱式散热器应只注数量;圆翼形散热器应注根数×排数,如 3×2,其中 3 代表每排根数,2 代表排数;光管散热器应注管径×长度×排数,如 D108×3000×4,其中 D108 代表管径(mm),3000 代表管长(mm),4 代表排数;串片式散热器应注长度×排数,如 1.0×3,其中 1.0 代表长度(m),3 代表排数。

(4)散热器及其支管宜按图 3-1 的画法绘制,如图 3-1(a)所示为双管系统,如图 3-1(b)所示为单管系统。双管系统要表达出两个立管(即绘制两个圆圈),单管系统只表达出一个立管。

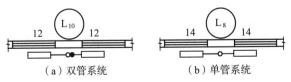

（a）双管系统　　　　　　（b）单管系统

图 3-1　散热器及其支管画法

(5)平面图中散热器的供水(供汽)管道、回水(凝结水)管道,宜按图 3-2 绘制。如

图 3-2(a)所示为该楼层既有供水干管也有回水干管的双管系统。如果只有其一,则应绘制相应的干管、支管与干管的连接管段,如果没有供回水干管,则不绘制干管,当然也不绘制干管与散热器的连接管段。如图 3-2(b)所示为只有供水干管的双管系统,如图 3-2(c)所示为只有回水干管的单管系统,如图 3-2(d)所示为没有供回水干管的双管系统。

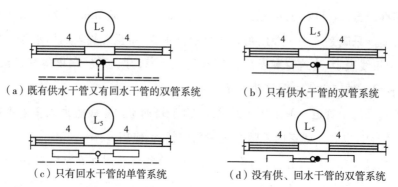

(a)既有供水干管又有回水干管的双管系统　　(b)只有供水干管的双管系统

(c)只有回水干管的单管系统　　(d)没有供、回水干管的双管系统

图 3-2　平面图中散热器供水、回水管道画法

(6)采暖入口的编号标注方法如图 3-3 所示,采暖入口的符号为带圆圈的"R",脚标为序号,圆圈直径为 6～8 mm。采暖供水立管在平面图中的编号标注方法如图 3-2 所示,符号为带圆圈的"L",脚标为序号。

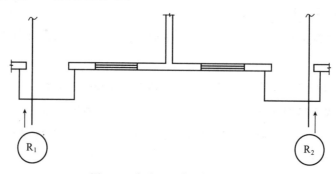

图 3-3　采暖入口编号标注方法

3.系统图表示方法

(1)系统图宜用单线绘制。系统图宜采用与相对应的平面图相同的比例绘制。

(2)需要限定高度的管道,应标注相对标高。管道应标注管中心标高,并应标在管段的始端或末端;散热器宜标注底标高,同一层、同标高的散热器只标右端的一组。

(3)散热器宜按图 3-4 的画法绘制,其规格、数量应按下列规定标注:柱式、圆翼形式散热器的数量,应注在散热器内,如图 3-4(a)(b)所示;光管式、串片式散热器的规格、数量,应注在散热器的上方,如图 3-4(c)(d)所示。

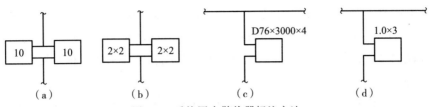

图 3-4 系统图中散热器标注方法

（4）在系统图中立管的编号标注方法如图 3-5 所示，符号为带圆圈的"L"，脚标为序号。

（5）系统图中的重叠、密集处可断开引出绘制。相应的断开处宜用相同的小写拉丁字母注明，如图 3-6 所示。

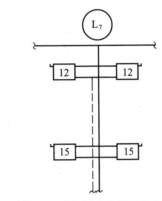

图 3-5 系统图中立管标注方法

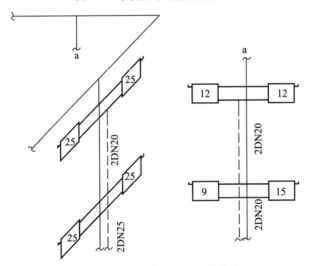

图 3-6 系统图中重叠管道的表达

（6）一般而言，立管与供、回水干管都通过乙字弯相连，散热器的供、回水支管上也有乙字弯，但目前的习惯画法是不绘制该乙字弯，初学者识图时必须注意。

3.1.2 采暖系统施工图的识读方法

识读采暖系统施工图应按热媒在管内所走的路程顺序进行。识读时，要把平面图和系统图联系起来,这样可以相互对照,可先粗看,弄清该工程的图纸数量,弄清热入口、供水总管、供水干管、立管和回水干管的布置位置,弄清该供暖系统属何种形式的图式,然后按热媒流向弄清各部分的分布位置尺寸、构造尺寸、安装要求及其相互关系。

1.平面图的识读

室内采暖系统平面图主要表示采暖管道、附件及散热器在建筑平面图上的位置,以及它们之间的相互关系,是施工图中的重要图样。

平面图的阅读方法如下。

(1)首先查明热入口在建筑平面上的位置,管道直径,热媒来源、流向、参数及其做法等,了解供热总干管和回水总干管的出入口位置,供热水平干管与回水水平干管的分布位置及走向。

热入口装置一般由减压阀、混水器、疏水器、分水器、分汽缸、除污器及控制阀门等组成。如果平面图上注明热入口的标准图号,识读时则按给定的标准图号查阅标准图;如果热入口有节点图,识读时则按平面图所注节点图的编号查找热入口大样图进行识读。

若采暖系统为上行下回式双管采暖系统,则供热水平干管会在顶层平面图上,供热立管与供热水平干管相连;回水干管会在底层平面图上,回水立管和回水干管相连。若供水(汽)干管敷设在中间层或底层,则说明是中供式或下供式系统。如果干管最高处设有集气罐,则说明为热水采暖系统;若散热器出口处和底层干管上有疏水器,则表明该系统为蒸汽采暖系统。

(2)查看立管的编号,弄清立管的平面位置及其数量。

采暖立管一般布置在外墙角,或沿两窗之间的外墙内侧布置。楼梯间或其他有冻结危险的场所一般均单独设置立管。双管系统的供水或供汽立管一般布置于面向的右侧。

(3)查看建筑物内散热器的平面位置、种类、数量(片数),以及安装方式(即明装、半暗装或暗装),了解散热器与立管的连接情况。

凡是有供热立管(供热总立管除外)的地方就有散热器与之相连,并且散热器通常都布置在房间外窗内侧的窗台下(也有少数内墙布置的),其目的是使室内空气温度分布均匀。楼梯间的散热器一般布置在底层,或按一定比例分配在下部各层。若图纸未说明,散热器均为明装。散热器的片数通常标注在散热器图例近旁的窗口处。

(4)了解管道系统上设备附件的位置与型号。

对于热水采暖系统,要查明膨胀水箱、集气罐的平面位置、连接方式和型号。热水采暖系统的集气罐一般安装在供水干管的末端或供水立管的顶端,装于立管顶端的为立式集气罐,装于供水干管末端的则为卧式集气罐。

若为蒸汽采暖系统,要查明疏水器的平面位置及其规格尺寸,还要了解供热水平干管和回水水平干管固定支点的位置和数量,以及在底层平面图上管道通过地沟的位置与尺寸等。

识读时还应弄清补偿器与固定支架的平面位置及其种类、形式。凡热胀冷缩较大的管道,在平面图上均用图例符号注明固定支架的位置,要求严格时还应注明有固定支架的位置尺寸。方形补偿器的形式和位置在平面图上均有表明,自然补偿器在平面图中均不特别说明。

（5）查看管道的管径尺寸和敷设坡度。

供热管的管径规律是入口的管径大，末端的管径小；回水管的管径规律是起点管径小，出口管径大。管道坡度通常只标注水平干管的坡度。

（6）阅读"设计施工说明"，从中了解设备的型号和施工安装要求，以及所采用的通用图等，如散热器的类型、管道连接要求、阀门设置位置及系统防腐要求等。

2. 系统图的识读

系统图通常是用正面斜等轴测方法绘制的，表明从供热总管入口直至回水总管出口的整个采暖系统的管道、散热设备及主要附件的空间位置和相互连接情况。识读系统图时，应将系统图和平面图结合起来对照进行，以便弄清整个采暖系统的空间布置关系。识读系统图时要掌握的主要内容和方法如下。

（1）查明热入口装置之间的关系，热入口处热媒的来源、流向、坡向、标高、管径，以及热入口采用的标准图号或节点图编号。如有节点详图，则要查明详图编号。

（2）弄清各管段的管径、坡度和坡向，水平管道和设备的标高，以及各立管的编号。一般情况下，系统图中各管段两端均注有管径，即变径管两侧要注明管径。供水干管的坡度一般为 0.003，坡向总立管。散热器支管都有一定的坡度，其中供水支管坡向散热器，回水支管坡向回水立管。

（3）弄清散热器的型号、规格及片数。对于光管散热器，要查明其型号（A 型或 B 型）、管径、片数、长度；对于翼型或柱型散热器，要查明其规格，以及带脚散热器的片数；对于其他采暖方式，则要查明采暖器具的结构形式、构造、标高等。

（4）弄清各种阀件、附件和设备在系统中的位置。凡系统图已注明规格尺寸的，均须与平面图设备材料明细表进行核对。

3. 详图的识读

采暖系统供热管、回水管与散热器之间的具体连接形式、详细尺寸、安装要求，以及设备和附件的制作、安装尺寸、接管情况等，一般都有标准图，因此，施工人员必须会识读图中的标准图代号，会查找并掌握这些标准图。通用的标准图有膨胀水箱和凝结水箱的制作、配管与安装，分汽罐、分水器及集水器的构造、制作与安装，疏水管、减压阀及调压板的安装和组成形式，散热器的连接与安装，采暖系统立管、支干管的连接，管道支吊架的制作与安装，集气罐的制作与安装等。

采暖系统施工图一般只绘平面图、系统图中需要表明而通用标准图中所缺的局部节点详图。

3.1.3　采暖系统施工图的识图举例

如图 3-7～3-10 所示为某四层建筑采暖系统平面图、轴测图，试对其进行识读。

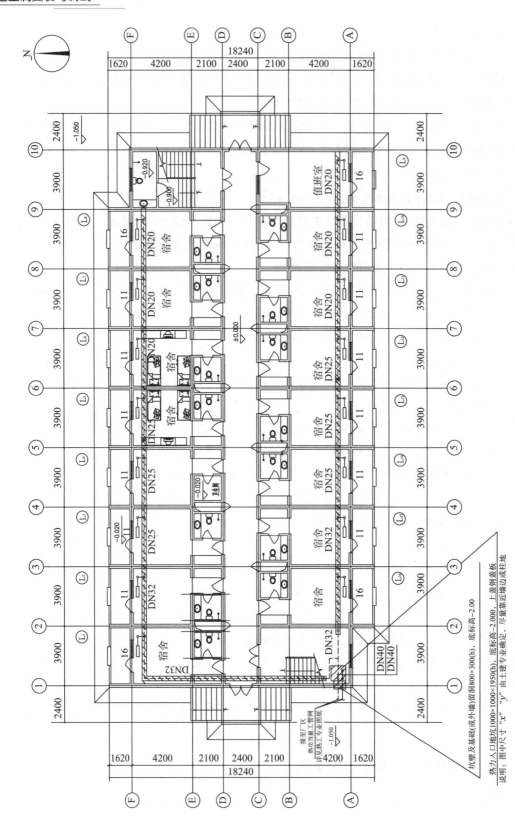

图3-7 底层采暖系统平面图

说明：图中尺寸"x""y"由土建专业确定。

热力入口详见当量工管网详见热工专业图纸

坑壁及基础或外墙留洞洞800×300(h)，底标高−2.000，上盖钢盖板

接至厂区

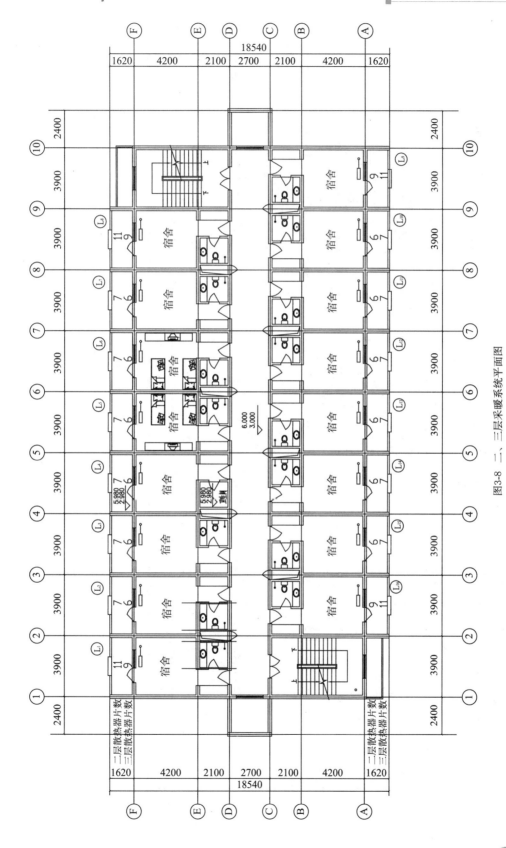

图3-8　二、三层采暖系统平面图

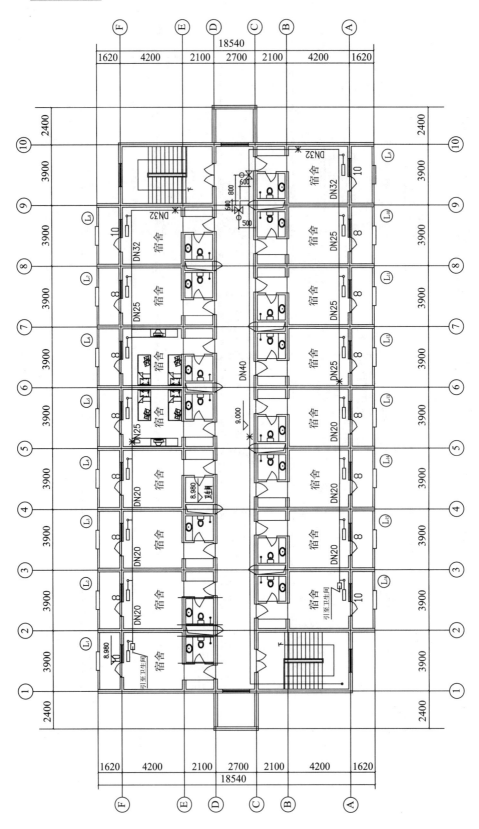

图3-9 顶层采暖系统平面图

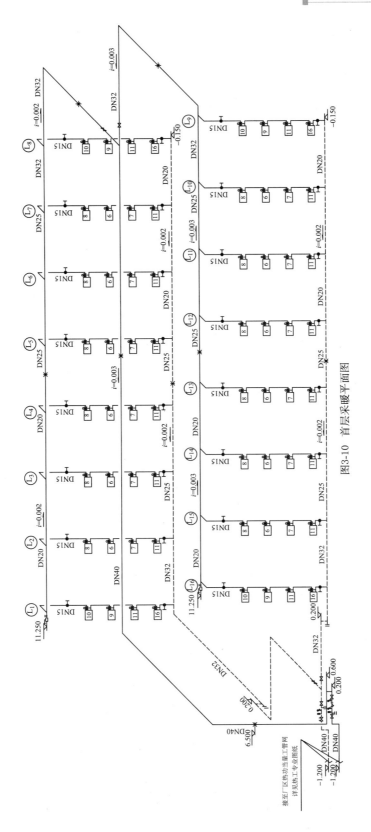

图3-10　首层采暖平面图

该建筑是一栋四层楼房,朝向为正面朝南,热入口设于建筑的西面。底层平面图能看到以虚线表示的回水干管走向,顶层平面图能看到以实线表示的供水干管走向,说明该系统为机械循环上供下回式热水采暖系统。从热媒入口开始,顺水流方向,按下列顺序进行识读:热入口→供水总管→供水干管→各立管 Ln→各散热器支管→散热器→回水支管→立管→回水干管→热媒出口。

1. 热入口及供回水干管

从图 3-7 底层采暖系统平面图可知,热入口设在建筑西南角的 A 轴和 B 轴之间,由西向东沿建筑物的内墙设置,埋地敷设在管沟内,回水总管的出口与供水总管的入口在同一地坑内,热入口地坑尺寸 1000 mm×1000 mm×1950 mm。从图 3-9 顶层采暖系统平面图可以看到,供热水干立管从下由 1 轴和 A 轴处的楼梯间墙角至上,然后水平干管沿走廊向东走,走到 9 轴处分开且在分开点处有两个电动调节阀门,两水平干管末端设有集气罐,引至卫生间。在各层平面图上标有柱型散热器片数和各立管的位置。

由平面图和系统图可以看出,热入口处的供水总管为 DN40,标高为 -1.200 m,至四楼东侧分开变成两个 DN32 横管,然后供水干管的管径由东向西缩小为 DN25、DN20,其标高为 11.250 m,总供水干管坡度为 0.003,阳面供水干管坡度为 0.003,阴面供水干管坡度为 0.002,敷设坡度与热水流动方向相反。底层回水干管的两个支路标高为 -0.150 m,到热入口地沟附近标高变为 0.200 m,出地沟后标高变为 -1.200 m,回水干管两个支路管径渐变为 DN20、DN25、DN32 后再合并为 DN40,回水干管坡度阴面和阳面都为 0.002。

2. 立管

由平面图和系统图可以看出,供热总管沿着建筑物外墙设置,分别接出各立管,立管编号为 L₁~L₁₆,阴阳面各有 8 根,各立管均为单管单面连接散热器,立管管径和支管管径均为 DN15,各供水立管上下端均安装同管径截止阀,每个散热器的起端均设置三通磁控调节锁闭阀。

3. 散热器

由各层采暖系统平面图可以看出,各散热器布置在外墙窗台下,散热器为钢制柱型散热器,数量标注在散热器相应外窗外面,以立管 L₁ 为例,散热器底层 16 片,二层 11 片,三层 9 片,顶层 10 片。系统安装按国标图集 96K402-2 严格执行。

3.2 室内采暖系统的安装

室内采暖系统的安装主要包括供热管路、散热设备及附属器具等的安装。施工程序一般有两种:一种是先安装散热器,再安装干管,配立管、支管;另一种是先安装干管,配立管,再挂散热器,配支管。有时候也可以采用散热器和干管同时安装,施工进度要与土建进度配合。

室内采暖系统仅是室内管道工程的一部分。在民用建筑中它经常要与给水排水管道、燃气管道一同安装;在工业建筑中它经常要与各种工艺管道、动力管道等一同安装。施工时必须统筹兼顾,正确处理各种管道间的关系。一般各管道相遇时,可参照下列原则处理:支管让干管,小管让大管,一般管让高温管,低压管让高压管,次要管让主要管。当然还应当根据实际情况协商解决。

室内采暖系统属于建筑物内部的工程项目,它安装在人们生活、工作、学习的场所,因此施工时既要保证其工作的可靠性,还要考虑美观。

室内采暖系统的安装工艺流程一般如下:安装准备→预制加工→卡架安装→套管安装→总管安装→干管安装→立管安装→散热器设备安装→支管安装→附属器具安装→试压→冲洗→防腐→保温→调试。

3.2.1　安装准备

1.材料要求

(1)管材:碳素钢管、无缝钢管。管材不得弯曲、锈蚀,无飞刺、重皮及凹凸不平现象。

(2)管件:无偏扣、方扣、乱扣、断丝和角度不准确现象。

(3)阀门:铸造规矩,无毛刺、裂纹,开关灵活严密,丝扣无损伤,直度和角度正确,强度符合要求,手轮无损伤。有出厂合格证,安装前应按有关规定进行强度、严密性试验。

(4)其他材料:型钢、圆钢、管卡子、螺栓、螺母、油、麻、垫、电气焊条等。选用时应符合设计要求。

2.主要机具

(1)机具:砂轮锯、套丝机、台钻、电焊机、煨弯器等。

(2)工具:压力案、台虎钳、电焊工具、管钳、手锤、手锯、活扳子等。

(3)其他:钢卷尺、水平尺、线坠、粉笔、小线等。

3.作业条件

(1)干管安装:位于地沟内的干管,应把地沟内杂物清理干净,安装好托吊卡架,在未盖沟盖板前安装;位于楼板下及顶层的干管,应在结构封顶后或上一层结构已完工后安装。

(2)立管安装必须在确定准确的地面标高后进行。

(3)支管安装必须在墙面抹灰后进行。

4.读图、画图

(1)认真熟悉图纸,配合土建施工进度,预留槽洞和安装预埋件。

(2)按设计图纸画出管路的位置、管径、变径、预留口、坡向,卡架位置等施工草图,包括干管起点、末端和拐弯、节点、预留口、坐标位置等。

3.2.2 室内采暖管道的安装

室内采暖管道常用管材是焊接钢管,在高压供热系统和高层建筑采暖系统中常采用无缝钢管。其连接方法:管径小于或等于 32 mm 应采用螺纹连接;管径大于 32 mm 应采用焊接;无缝钢管管壁较薄,故一般不用螺纹连接,而采用焊接。

1.测线

室内采暖管道的安装,首先要测线,确定每个管段的实际尺寸,然后按其下料加工。

测线计量尺寸时经常要涉及下列名称。

(1)建筑长度——管道系统中两零件或设备中心之间(轴)的尺寸,如图 3-11 所示。

(2)安装长度——零件或设备之间管子的有效长度。安装长度等于建筑长度扣去管子零件或接头装配后占去的长度,如图 3-11 所示。

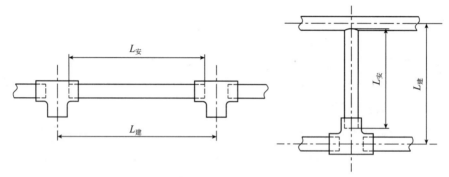

图 3-11 建筑长度 $L_建$ 与安装长度 $L_安$

(3)加工长度——管子所需实际下料尺寸。对于直管段,其加工长度就等于安装长度。对于弯管段,其加工长度不等于安装长度,下料时要考虑径弯的加工要求来确定其加工长度,如图 3-12 所示。法兰连接时确定加工长度要注意扣去垫片的厚度。

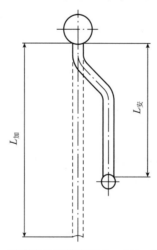

图 3-12 有弯管的安装长度 $L_安$ 与加工长度 $L_加$

安装管子时主要解决切断与连接、调直与弯曲两对矛盾。将管子按加工长度下料，通过加工连接成符合建筑长度要求的管路系统。

2.室内采暖管道安装的一般原则

(1)室内采暖管道宜明装，只有在对装饰要求非常高或工艺上有特殊要求的建筑物中才暗装。暗装管道不得直接靠在砌体上，以免影响管道伸缩或破坏结构物。尽可能将立管布置在房间的角落，对于上供下回式系统，供水干管多设在顶层顶棚下，回水干管可敷设在地面上，地面上不允许敷设或净空高度不够时，回水干管设置在半通行地沟或不通行地沟内。

(2)采暖管道不得与输送蒸汽燃点低于或等于 120 ℃的可燃液体或可燃、腐蚀性气体的管道在同一条管沟内平行或交叉敷设。室内采暖管道与电气、燃气管道间距应符合表 3-1 的规定。

表 3-1　室内采暖管道与电气、燃气管道最小净距

单位:mm

热水管	导线穿金属管在上	导线穿金属管在下	电缆在上	电缆在下	明敷绝缘导线在上	明敷绝缘导线在下	裸母线	吊车滑轮线	燃气管
平行	300	100	500	500	300	200	1000	1000	100
交叉	200	100	100	100	100	100	500	500	20

(3)钢管安装前及连接成管路时都要进行调直。安装前检查管子是否有弯，校直方法已在钢管的加工中讲述。将管子连接成管路时还可能出现不直的现象。当用管件连接管子时，有可能因接头质量不佳使管子出现不应有的"弯"。这时可用氧炔焰热烤接近零件处的钢管，但调直后要在零件和管子上对应位置做好记号，然后更换接头填料。因此要求材料采购员必须采购质量符合要求的管子配件。管件除丝头光滑完整外，还应保证接管后角度正确。当用焊接连接管子时，也可能在分支的管路或立管开三通管口时，在焊直管时使管子局部受热不匀而变形。如果由于开管口引起的弯曲，可在隆起处局部加热管子即可伸直；如为直管焊接，注意要将接口对称点焊，找直之后再分段对称施焊，大直径管子每层焊缝接头错开，可避免或减少焊接引起的弯曲。

管路连接后要保证在 10 m 管长上，当直径 $d \leqslant 100$ mm 时，纵横方向的弯曲允许偏差小于 50 mm；$d \geqslant 100$ mm 时，纵横方向的弯曲允许偏差小于 10 mm。全长在 25 m 以上时，横向弯曲允许偏差小于 25 mm。多条平行管段在同一平面或立面上，间距允许偏差小于 3 mm。

(4)安装管路前应将所用弯管制好。室内采暖工程中常用弯管有 90°弯头、乙字弯(来回弯)、抱弯(元宝弯)、方形补偿器等。

乙字弯主要用在立管与供回水干管相连处及散热器供回水支管上,使立、支管贴近墙面安装较为美观。抱弯主要用在双管系统中供水立管跨过回水支管或回水立管跨过供水支管处。方形补偿器由 4 个 90°弯头组成,用来补偿管道的热胀冷缩。方形补偿器宜用整根无缝钢管煨制,管径 $d<40$ mm 时可用于水煤气管。

煨制或组对方形补偿器应在平台上进行,使 4 个弯头在同一平面上,以免在安装时因为不平,口对不上。为了增加方形补偿器的补偿量、减小弯曲应力、减小由于热胀冷缩量大对管路拖动的影响,一般安装时要预拉伸。预拉伸量为管段计算热伸长值(补偿量)的一半,如图 3-13 所示。预拉的方法在施工现场常用千斤顶,将补偿器的两臂顶伸开,当达到预拉伸量时,用槽钢或钢管在两臂间焊上临时支撑件。待方形补偿器安装就位,且两侧管段的固定支架已焊牢固,再将临时支撑件拆除。

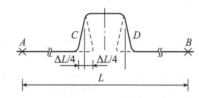

L—固定支架间距;ΔL—管长 L 时的热伸长量。

图 3-13　方形补偿器的预拉伸

(5)管道穿过建筑物基础、楼板、墙体、设备基础时,要根据设计预留孔洞或埋设套管。套管的作用是防止管道在使用过程中热胀冷缩拖掉墙皮及使管道移动受限。

管道穿过隔墙和楼板大多数情况下采用普通套管,它分为铁皮制和钢管制。铁皮制套管可用薄铁板卷成圆筒形,钢管制套管是用比管径较大 1～2 号的钢管制成,安装管段时先把预制好的套管穿上。如管道穿过楼板,套管上端应高地面 20 mm,防止上层房间地面水渗流到下层房间,下端与楼板底平。管道穿过地下室或地下构筑物外墙时,宜用防水套管。一般可用刚性防水套管,如图 3-14 所示;有严格防水要求时,采用柔性防水套管,如图 3-15 所示。防水套管中的填料要填实,如管道穿过有管道煤气的房间,套管与管子之间的空隙必须用防火封堵材料严密封堵。

图 3-14　防水套管

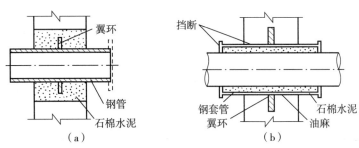

图 3-15 刚性防水套管示意图

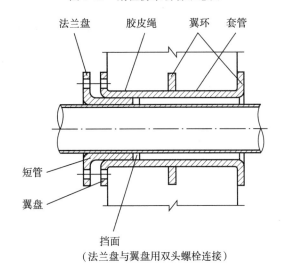

（法兰盘与翼盘用双头螺栓连接）

图 3-16 柔性防水套管示意图

（6）采暖管道承托于支架上，支架应稳固可靠。可由施工图上标出的管道标高、管径，以及是否保温等情况，在建筑物墙（柱）上画出支架的位置。一般施工图只标出管道一端的标高，可由此根据管长和坡度推算出另一端的标高和支架位置，以及过墙洞位置，打通墙洞后由两端支架拉线得出管道上中间各支架的标高。管道支架的数量和位置可根据设计要求确定，若设计上无具体要求时，最大间距应满足表 3-2 和表 3-3 的要求，因为间距过大会使管道产生过大的弯曲变形而使管内流体不能正常运转。

表 3-2 钢管管道支架最大间距

管子公称直径/mm		15	20	25	32	40	50	70	80	100	125	150	200	250	300
支架最大间距/m	保温管	1.5	2	2	2.5	3	3.5	4	4	4.5	5	6	7	8	8.5
	非保温管	2.5	3	3.5	4	4.5	5	6	6	6.5	7	8	9.5	11	12

表 3-3 塑料管及复合管管道支架最大间距

管径/mm			12	14	16	18	20	25	32	40	50	63	75	90	110
支架最大间距/m	立管		0.5	0.6	0.7	0.8	0.9	0.1	1.1	1.3	1.6	1.8	2.0	2.2	2.4
	水平管	冷水管	0.4	0.4	0.5	0.5	0.6	0.7	0.8	0.9	1.0	1.1	1.2	1.35	1.55
		热水管	0.2	0.2	0.25	0.3	0.3	0.35	0.4	0.5	0.6	0.7	0.8	—	—

3．干管的安装

干管的安装从进户处或分支点开始，先应了解干管的位置、标高、管径、坡度、立管连接点。对管子来说，采暖图上的标高是指管子中心线的高度，通常以建筑物室内一层地面标高为零点做基准面。坡度用箭头表示，指向标高降低处。干管安装时，先安装支架，然后让管子就位。

干管常分成几个环路，如环路不太长、分支处处理得当，不仅美观，还可利用其自然补偿免去补偿器，如图 3-17 所示。民用建筑干管上的方形补偿器尽量设在间隔墙上或走廊、楼梯间等辅助房间内；工业建筑尽量绕柱设置。方形补偿器宜水平安装并与管道坡度相同。如须垂直安装时，应有排气措施。

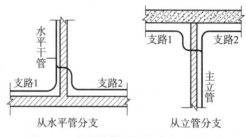

图 3-17　自然补偿在管路分支时的应用

在高空安装管道要系安全带。在 2 m 以上作业时要有脚手架。架空的管子可先在地面分段连接好，其长度以架管方便为限。管段吊装一般用滑轮、绞磨和导链等，不能用草绳等不坚实的绳索捆绑。吊装前要检查所用工具有无破损，有破损时不得迁就使用。

干管的安装要求如下。

(1)支吊架不得设在焊缝处，应距焊缝不小于 50～100 mm。

(2)并排安装的干管，直线部分应互相平行，水平方向并排管转弯时，各管的曲率半径不等但应同心，垂直方向并排管各管的曲率半径应相等。

(3)应保证采暖干管的坡度要求。当热水采暖系统运行时，要保证采暖系统的正常工作和保证其散热效果，需排除系统中的空气，系统维修时要将系统中的水泄出。蒸汽采暖系统工作时要排除管道中的凝结水，所以需要管道具有一定的坡度，室内采暖干管的坡度如设计未注明时，应符合下列规定：汽、水同向流动的热水采暖管道和汽、水同向流动的蒸汽管道和凝结水管道坡度应为 0.003，且不得小于 0.002；汽、水逆向流动的热水采暖管道和汽、水逆向流动的蒸汽管道坡度不应小于 0.005。

(4)采暖干管上管道变径的位置应在三通后 200 mm 处，不得任意延长变径位置，上供下回式系统的热水干管变径应顶平偏心连接，蒸汽干管变径应底平偏心连接。

(5)无论采用焊接、管螺纹连接还是法兰连接，接头不得装于墙体楼板等结构处，不得设于套管内。干管在过大门时要设过门地沟，如图 3-18 所示。过门地沟处钢管要保温，要设放水门或排污丝堵，排污丝堵处应设活动地沟盖板。

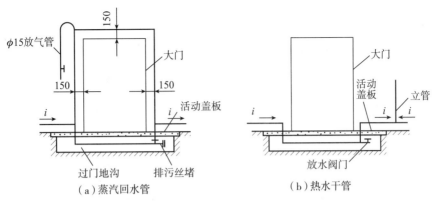

图 3-18　室内采暖干管过门的处理方法

(6)干管不得穿过烟囱、厕所蹲台等,必须穿过时要在全长上设套管。室内管道引入口不要设在厕所、盥洗室等地下上下水管道较多处,以免地下管道多、布管麻烦,以及地面水、上下水管可能漏的水渗积于引入口小室内,加速钢管锈蚀及开关阀门困难。

(7)采暖干管纵、横方向弯曲度公差:管径小于或等于 100 mm,公差为 1/10 000,全长(25 m 以下)公差不大于 13 mm;管径大于 100 mm,公差为 1.5/10 000,全长(25 m 以上)公差不大于 25 mm。

4.立管的安装

干管安装就位后安装立管。立管安装前应对预留孔洞的位置和尺寸检查、维修,直至符合要求,然后在建筑结构上标出立管的中心线,按照立管中心线在干管上开孔焊制三通管。立管安装就位后再安装支管,与干管安装不同,立管安装时常常是先将管道连接好以后再固定立管卡子。

立管的安装要求如下。

(1)立管与干管的连接,应采用正确的连接方式,主要决定于干管的连接方式。

①干管为焊接,立管与干管的连接采用焊接,在干管相应位置用氧炔焰开割管孔,孔口边缘应整齐,其大小不得小于立管内径。立管管头割成马鞍形。注意立管不得插入干管内焊接,干管与立管接头间隙不应大于 2 mm。

②干管为螺纹连接时,立管与干管的连接采用螺纹连接。干管接立管处安装有螺纹三通供立管连接用。一般情况下,立管的管径都不大($d < 32$ mm),大多数用螺纹连接。

③对于高温水和高压蒸汽采暖系统,为了减少热胀冷缩引起的渗漏,提高供暖的安全可靠性,干管、立管的连接尽量采用焊接($d < 32$ mm 也可用螺纹连接),只是在需要拆卸处使用法兰盘,不得使用长丝或活接头。法兰垫料用耐热石棉或橡胶。

(2)干管离墙距离远、立管离墙距离近,两者连接点常用如图 3-19 所示方法解决干管和立管离墙的距离问题。

(3)立管上下端应设阀门,便于调节和检修。

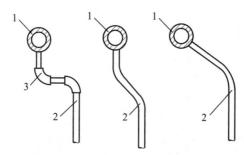

1—干管;2—立管;3—螺纹弯头。

图 3-19　干管与立管离墙距离不同的连接方法

（4）安装管径小于或等于 32 mm 不保温的采暖双立管管道,两管中心距为 80 mm,允许偏差为 5 mm,供水或供汽管应置于面向的右侧。

（5）立管安装时要注意垂直,每米高度允许偏差为 2 mm,5 m 以上高度全高允许偏差为 8 mm。

（6）安装立管管卡,主要为保证立管的垂直度,防止其倾斜。建筑物层高 $h \leqslant 5$ m 时,每层安装一个,管卡距地面 1.5~1.8 m;$h > 5$ m 时,每层不得少于两个,应匀称安装。同一房间管卡应安装在同一高度。

（7）双管系统的抱弯设在立管上,且抱弯弯曲部分外侧向室内。抱弯设在立管上,便于先安装立管再安装支管,且有利于排除系统内的空气。

5.散热器支管的安装

散热器支管一般很短,根据设计上的不同要求,散热器支管可由三段或两段管组成,由于管子配件多、管道接口多,工作时受力变形较大,所以散热器支管安装较复杂,难度较大。为保证准确性,施工时可取管子配件或阀门实物,逐段比量下料、安装。

支管中心距墙一般与立管相同。如果立管中心距墙与散热器接口中心距墙不同,支管上可采用乙字弯。

散热器支管的安装要求如下。

（1）支管应有坡度,利于散热器排气和放水,否则散热器中充不满水,影响散热。散热器支管的坡向如图 3-20 所示。坡度大小按以下原则确定:支管全长小于 500 mm 时,坡度值为 5 mm;支管全长大于 500 mm 时,坡度值为 10 mm;当一根立管双侧连接散热器时,坡度值按支管长度大的来确定。

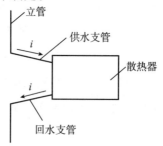

图 3-20　散热器支管的坡度

（2）散热器支管长度超过 1.5 m 时,中间应设管卡或托钩。散热器支管管径一般较小,若管道自重和管内介质之和超出了钢材所允许的刚度负荷,在散热器支管中间没有支撑件,就会造成弯曲使接口漏水、漏气。

（3）水平式系统水平支管较长,散热器位置固定,常因热胀冷缩使接口漏水,为此水平式系统散热器两侧一定要设乙字弯,隔几组散热器设一方形补偿器。

（4）支管与散热器的连接应该为可拆卸的括接头或长丝连接。支管上的阀门和可拆卸管件都应靠近散热器,其中阀门放在靠立管的一侧,可拆卸管件放在靠散热器的一侧,以便在关闭阀门的情况下拆装散热器。活接头由母口和子口两部分组成,子口一头安装在来水方向,母口安装在去水方向,不能装反,如图 3-21 所示。长丝和根母配合使用,长丝一头为短的锥形螺纹,另一头为长的圆柱形螺纹,可全部拧入散热器的内外丝孔内,当管长合适时将根母压紧填料圈即将长丝紧固且不泄露,如图 3-22 所示。

```
水流方向
──────▶        ──────
              子口  母口
```

图 3-21　活接头的安装

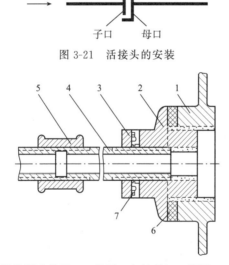

1—散热器对丝孔;2—散热器内外丝;3—根母;4—长丝;5—管箍;6—散热器垫圈;7—填料。

图 3-22　散热器支管上用长丝连接图示

（5）半暗装散热器支管采用直管段连接,明装或暗装散热器用煨弯管或弯头配制的弯管连接。弯管中心距散热器边缘尺寸不得超过 150 mm。

3.2.3　室内采暖设备的安装

1.散热器的安装

散热器的种类较多,常用的散热器按材质分为铸铁散热器和钢制散热器,按形状不同又分为翼型散热器、柱型散热器、钢串片散热器、板式散热器、扁管式散热器、排管散热器及对流辐射式散热器。不同的散热器其安装方法也不同。

(1)散热器的质量检查

检查内容包括以下方面。

①散热器应无裂纹、可见砂眼、外部损伤。

②大 60 型散热器顶部掉翼数,只允许 1 个,其长度不得超过 50 mm;侧面掉翼数不得超过 2 个,其累计长度不得超过 200 mm。安装时,掉翼面应朝墙安装。对于圆翼型散热器掉翼数不得超过 2 个,累计长度不得大于翼片的 1/2,安装时掉翼面应向下或朝墙安装。

③散热器的加工面要平整、光滑,丝扣螺纹要完好,检查方法是用连接对丝在内螺纹接口上拧试,如果能较顺利地用手拧入,则内螺纹完好。

④散热器上下接口要在同一平面,检查方法是用拉线检查,如上下接口端面各点都与拉线紧贴,则接口端面平整。

(2)散热器的组对

①组对前,按设计型号、规格进行检查验收、质量鉴定,然后将要组对的散热器片内铁渣、污物清理干净,清除对口处浮锈并上机油,备好组对工作台或支架。

②组对时,按设计的片数和组数,选用合格对丝、丝堵、补心进行组对。散热器进水(汽)端的补心为正扣,回水端的补心为反扣,如图 3-23 所示为丝堵与对丝的正反扣。

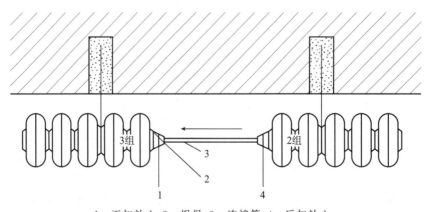

1—正扣补心;2—根母;3—连接管;4—反扣补心。

图 3-23　丝堵与对丝的正反扣

③两人一组,在操作台上,使相邻两片散热器间正反丝口相对,中间放对丝。将对丝拧 1~2 扣到第一片正丝口内,套上垫片,将第二片反丝口瞄准对丝,找正后,对面两人各自一手扶住散热器,一手将钥匙插入第二片正丝口里,将钥匙稍稍反拧,即听到"咔嚓"声,对丝入扣。再缓缓地交替拧紧上下对丝。挤紧垫片,但垫片不得漏出径外。如此逐片组对,直至达到设计片数。对丝及钥匙如图 3-24 所示。

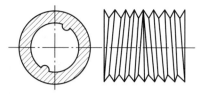 

（a）汽包对丝　　　　　　（b）组对用工具——钥匙

图 3-24　对丝及钥匙

④柱式散热器组对,14 片以内为两片带腿,15～24 片为三片带腿;组对后,每组散热器的连接长度不宜超过 1.6 m。细柱散热器不宜超过 25 片;粗柱散热器不宜超过 20 片;长翼型散热器不宜超过 6 片。

⑤组对后的散热器应轻轻搬运,集中存放后,做水压实验。水压实验时,上好临时丝堵和补心,安上放气阀,连好试压泵。打开进水阀向散热器内充水,同时打开放气阀排放空气,水满后,关闭放气阀,加压至规定压力值(参见表 3-4 所列)时,关闭进水阀,稳压 2～3 min,检查有无渗漏。有渗漏返修后,再进行水压实验;无渗漏,则泄水后集中保管。

表 3-4　散热器试验压力

散热器型号	60 型、M132 型、M150 型、柱型、圆翼型		扁管型		板式	串片式	
工作压力/MPa	≤0.25	>0.25	≤0.25	>0.25	—	≤0.25	>0.25
试验压力/MPa	0.4	0.6	0.6	0.8	0.75	0.4	1.4
要求	试验时间为 2～3 min,不渗不漏为合格						

（3）散热器的安装

散热器一般多暗装于外墙的窗下,并使散热器组的中心线与外窗中心重合。散热器的安装形式有明装、暗装和半暗装 3 种。明装为散热器全部裸露于墙的内表面安装;半暗装为散热器的一半嵌入墙槽内的安装,如图 3-25 所示;暗装为散热器全部嵌入墙槽内的安装。

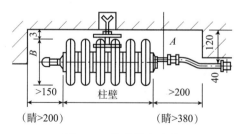

图 3-25　散热器半暗装

散热器的安装应着重强调其稳固性、端正美观性,从其安装的支承方式分,有直立安装和托架安装两种形式。其中直立安装有两种情况,一是对柱型散热器靠其足片直立于地面上安装,但在距散热器底部 2/3 处,应设一卡件,以控制其不会倾倒,如图 3-26(a)所示;二是散热器安装所依托的建筑物为轻型结构,不足以支承散热器组自重时,采用底部用支承座,中上部用卡件的安装方式,如图 3-26(b)所示。托架安装时,可用托钩支承散热器组重量,也可在散热器底部设托钩,中上部设卡件以固定散热器组,如图 3-26(c)所示。

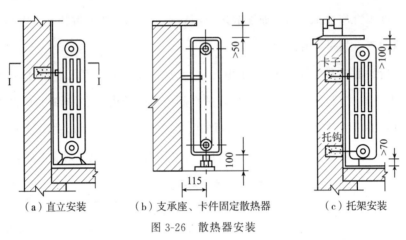

（a）直立安装　　　　（b）支承座、卡件固定散热器　　　　（c）托架安装

图 3-26　散热器安装

散热器的安装要求如下。

①将符合要求的散热器运至各个房间,根据安装规范,确定散热器安装位置,画出托钩和卡子安装位置。散热器背面与装饰后的墙内表面安装距离应符合设计或产品说明书要求,如设计未注明,应为 30 mm。散热器安装位置允许偏差和检验方法见表 3-5 所列。

表 3-5　散热器安装位置允许偏差和检验方法

序号	项目	允许偏差/mm	检验方法
1	散热器背面与墙内表面距离	3	尺量
2	与窗中心线或设计定位尺寸	20	
3	散热器垂直度	3	吊线和尺量

②用电动工具打孔,应使孔洞里大外小。托钩埋深应大于或等于 120 mm,固定卡埋深应大于 80 mm。栽钩子(固定卡)时,应先检查其规格尺寸,符合要求后,安装在墙上,其数量见表 3-6 所列。

表3-6　散热器托钩、卡件数量表

散热器型号	每组片数	上部托钩或卡件数	下部托钩或卡件数	总计	备注
圆翼型	1	—	—	2	
	2	—	—	3	
	3～4	—	—	4	
柱型 M132型/M150型	3～8	1	2	3	柱型不带足
	9～12	1	3	4	
	13～16	2	4	6	
	17～20	2	5	7	
	21～24	2	6	8	
60型	1	2	1	3	
	2～4	1	2	3	
	5	2	2	4	
	6	2	3	5	
	7	2	4	6	
扁管式、板式	1	2	2	4	

注：1.轻质墙结构,散热器底部可用特制金属托架支撑。

2.安装带腿的柱型散热器,每组所需带腿片数为14片以下为2片,15～24片为3片。

3.M132型及柱型散热器下部为托钩,上部为卡架;长翼型散热器上下均为托钩。

③将丝堵和补心加散热器胶垫拧紧到散热器上,待埋钩子(固定卡)的沙浆达到强度后,即可安散热器。

④翼型散热器安装时,掉翼面应朝墙安装。挂式散热器安装时,须将散热器抬起,将补心正丝扣的一侧朝向立管方向,慢慢落在托钩上,挂稳、找正。带腿或底架的散热器就位后,找正、平直后,上紧固定卡螺母。带足散热器安装时若不平,可用锉刀磨平找正,必要时用垫铁找平,严禁用木块、砖石垫高。

⑤串片式散热器安装时,应保持肋片完好。松动片数不允许超过总片数的2%。受损肋片应面向下或墙安装。

⑥同一楼层,特别是同一房间,散热器安装高度应一致。散热器底部有管道通过时其底与地面净距不得小于250 mm,一般情况下,散热器底距地面净距不得小于150 mm。

⑦散热器一般垂直安装,圆翼型散热器应水平安装。串片式散热器尽可能平放,减少竖放。

⑧散热器的安装允许偏差及检验方法见表3-7所列。安装完,用弯头、三通、活接头、管箍、阀门等管件连接到采暖系统中。

表 3-7 散热器安装的允许偏差及检验方案

项目				允许偏差	检验方案
坐标	背面墙面距离/mm			3	用水准仪(水平尺)、直尺、拉线和尺量检查
	与窗口中心线/mm			20	
标高	底部距地面/mm			±15	
中心线垂直度/mm				3	吊线和尺量检查
侧面倾斜度/mm				3	
全长内的弯曲/mm	灰铸铁	长翼型(60)(38)	2~4 片	4	用水准仪(水平尺)、直尺、拉线和尺量检查
			5~7 片	6	
		圆翼型	2 m 以内	3	
			3~4 m	4	
		柱型 M132 型	3~14 片	4	
			15~24 片	6	
	钢制	串片型	2 节以内	3	
			3~4 节	4	
		扁管式(板式)	$L<1$ m	4(3)	
			$L>1$ m	6(5)	
		柱型	3~12 片	4	
			13~20 片	6	

2.膨胀水箱(water expansion tank)的安装

热水采暖系统中膨胀水箱有 3 个作用:调节水量、稳定压力和排除空气。膨胀水箱一般用普通钢板焊接而成,形状有方形和圆柱形。如图 3-27 所示为圆柱形膨胀水箱,圆形膨胀水箱比方形的节省钢材,容易制作,材料受力分布均匀。水箱顶部的入孔盖应用螺栓紧固,水箱下方垫枕木或角钢架。水箱内外刷樟丹或其他防锈漆,并要进行满水试漏,箱底至少比室内采暖系统最高点高出 0.3 m。有时与给水箱一同安装在层顶的水箱间内。如安装在非采暖房间里要保温。

膨胀水箱上有 5 根管,即膨胀管、循环管、溢流管、信号管和排水管。膨胀管一般应连接到循环水泵前的回水总管上,不宜连接到某一支路回水干管上。循环管使水箱内的水不冻结,当水箱所处环境温度在 0 ℃以上时可不设循环管。有循环管时其安装方法如图 3-28 所示。溢流管供系统内的水充满后溢流用,其末端接到楼房或锅炉房排水设备上,为了便于观察,不允许直接与下水道相接。为了保证系统安全运行,膨胀管、循环管、溢流管上部不允许设置阀门。信号管又称检查管,供管理人员检查系统内水是否充满用。信号管末端接到锅炉房内排水设备上方,末端安装有阀门。

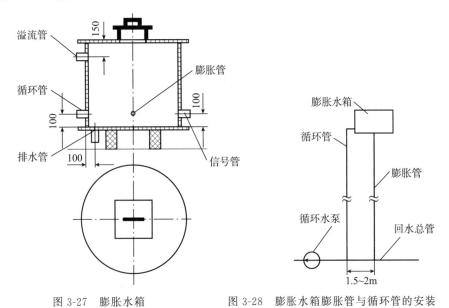

图 3-27　膨胀水箱　　　　　　图 3-28　膨胀水箱膨胀管与循环管的安装

3.集气罐的安装

集气罐一般用厚 4～5 mm 的钢板卷成或用 $\varnothing100\sim250$ mm 的钢管焊成。集气罐安装在采暖系统的最高点,作用是收集和排除采暖系统中的空气。集气罐有两种:手动集气罐(即靠人工开启阀门放气)和自动集气罐(即自动放气)。根据安装形式不同,集气罐可分为立式和卧式两种,如图 3-29 所示。

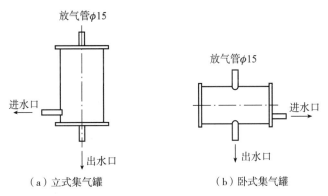

（a）立式集气罐　　　　　　（b）卧式集气罐

图 3-29　集气罐

手动集气罐可根据下列要求进行选用。顺流式集气罐有效容积应为膨胀水箱容积的 1%,其直径应大于或等于干管直径的 1.5～2 倍,使水在其中的流速不超过 0.05 m/s。立式及卧式集气罐尺寸见表 3-8 所列。

表 3-8　集气罐尺寸表

规格	型号			
	1	2	3	4
直径 D	100	150	200	250
高(长)度 H(L)	300	300	320	430

集气罐的安装要求如下。

(1)上供式系统中,集气罐放在供水干管末端或连在倒数第一、二根立管接干管处;下供式系统中,集气罐往往与空气管相接。

(2)集气罐的安装位置应尽量远离三通、弯头等局部配件,以免由于局部阻力引起的涡流影响气泡排除,其后散热器不热。

(3)为了增大贮气量,集气罐进出水管宜接近箱底,罐上部要设放气管,放气管末端要设排气阀,并通到有排水设施处。

(4)自动集气罐前应设置截止阀,以便检修或更换自动排气阀。

4. 除污器的安装

除污器的作用是过滤和清除采暖系统中的污物,防止管路和设备堵塞。一般安装在锅炉房循环水泵的吸入口或热交换器前,集中供热系统用户引入口的供水总管上。特别是调压板前,也应装设除污器。

立式除污器为圆柱形筒体,出水管伸入筒体内的部分,上面有许多小孔,上盖上设有排气阀,底部有排污丝堵,如图 3-30 所示。系统运行时,热水从进水管进入筒体内,由于断面突然扩大,水流速度突然降低,水中污物便沉到筒底部。除污后的净水通过带有大量小孔的出水接管进入系统的管道中。

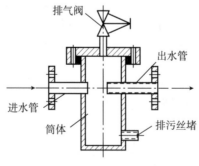

图 3-30　立式除污器

除污器一般按照与之连接的干管直径选定,除污器接管直径应与干管直径相同,安装时,先安装支架,将除污器在支架或砖支座上就位并且与管道连接。除污器一般用法兰与管路连接,前后应安装阀门和设旁通管。

除污器安装要求：

(1)安装时注意方向,即热介质应从管板孔的网格外进入,如将出水口作为进水口,会使大量沉积物积聚在出水管内而堵塞,正确的安装方法如图 3-30 所示。

(2)除污器应有单独设置的支架。

(3)单台设置的除污器应设置旁通管,以保证除污器出现故障或清除污物时热水能从旁通管通过而连续供热。

(4)除污器要定期清理内部污物,以防止其影响热水循环。

3.2.4　室内采暖系统的试压与试运行

1.试压和清洗

(1)试压

室内采暖系统安装完毕后,正式运行前必须进行试压。试压的目的是检查管路的机械强度与严密性。为了便于查找泄漏之处,一般采用水压试验,在室外气温过低时,可采用气压试验。室内采暖系统试压可以分段,也可整个系统进行。

试验压力按设计要求选定,如设计无明确要求则按下列原则进行。

①对低压蒸汽采暖系统,试验压力为系统顶点工作压力,同时系统底部压力不得小于 0.25 MPa;

②对低温热水采暖系统和高压蒸气采暖系统,试验压力为系统顶点工作压力加 0.1 MPa,同时系统顶点试验压力不得小于 0.3 MPa;

③对高温热水采暖系统,当工作压力小于 0.43 MPa 时,试验压力为 2 倍工作压力;当工作压力为 0.43~0.71 MPa 时,试验压力等于 1.3 倍工作压力加 0.3 MPa;

④确定试验压力时注意不得超过散热器的最大承压能力;

⑤高层建筑如低处水压大于散热器所能承受的最大试验压力时要分层试压。

试压在管道刷油、保温之前进行,以便进行外观检查和修补。试压用手压泵或电泵进行。关闭入口总阀门和所有排水阀,打开管路上其他阀门(包括排气阀)。一般从回水干管注入自来水,反复充水、排气,检查无泄漏处之后,关闭排气阀和注自来水的阀门,再使压力逐渐上升。在 5 min 内压力降不大于 0.02 MPa 为合格。如有漏水处应标好记号,修理好后重新加压,直到合格为止。管道试压时要注意安全,加压要缓慢,事后必须将系统内的水排净。

(2)清洗

管路使用前应进行清洗,以去除杂物。管路清洗可在试压合格后进行。清洗前应将管路上的流量孔板、滤网、温度计、止回阀等部件拆下,清洗后再装上。热水采暖系统用清水反复冲洗数次,直到排水处水色透明为止。如系统较大,管路较长,可分段冲洗。蒸汽采暖系统可用蒸汽吹洗,从总汽阀开始分段进行,一般设一个排汽口,排汽管接到室外安全处。吹洗过程中要打开疏水器前的冲洗管或旁通路阀门,不得使含污的凝结水通过疏水器排出。

2.试运行

室内采暖系统的试运行在试压合格并经过清洗后进行,目的是在系统热状态下,检验系统的安装质量和工作情况。此项工作可分为系统充水、系统通热和初调节3个步骤进行。

系统的充水工作由锅炉房开始,一般用补水泵充水。向室内采暖系统充水时,应先将系统的各集气罐排气阀打开,水以缓慢速度充入系统,以利于水中空气逸出,当集气罐排气阀流出水时,关闭排气阀门,补水泵停止工作。一段时间后,再将集气罐排气阀打开,启动补水泵,当系统中残留的空气排除后,将排气阀关闭,补水泵停止工作,此时系统已充满水。

接着,锅炉点火加热水温升至50 ℃时,循环泵启动,向室内送热水。这时,工作人员应注意系统压力的变化,室内采暖系统入口供水管上的压力不能超过散热器的工作压力。还要注意检查管道、散热器和阀门有无渗漏和破坏的情况,如有故障,应及时排除。

上述情况正常,可进行系统的初调节工作。热水采暖系统的初调节方法是:通过调整用户入口的调压板或阀门,使供水管压力表上的读数与入口要求的压力保持一致,再通过改变各立管上阀门的开度来调节通过各立管散热器的流量,一般距入口最远的立管阀门开度最大,越靠近入口的立管阀门开度越小。蒸汽采暖系统的初调节方法是:先通过调整热用户入口的减压阀,使进入室内空气的蒸汽压力符合要求,再改变各立管上阀门的开度来调整通过各立管散热器的蒸汽流量来达到均衡采暖的目的。

3.3 地暖的安装

地暖是地面辐射采暖(radiant floor heating)的简称,是以整个地面为散热器,通过地面辐射层中的热媒均匀加热整个地面,利用地面自身的蓄热并对墙体及空气加热,来达到取暖的目的。地暖按照供热方式的不同,主要分为水暖和电暖。水暖即低温热水地面辐射供暖,是以温度不高于60 ℃的热水为热媒,在加热管内循环流动,加热地面,通过地面以辐射和对流的传热方式向室内供热的供暖方式。电暖即发热电缆地面辐射采暖,是以低温发热电缆为热源,加热地面,通过地面以辐射和对流的传热方式向室内供热的供暖方式。常用发热电缆分为单芯电缆和双芯电缆。下面重点介绍水暖的安装。

3.3.1　水暖的安装结构及施工工序

水暖的结构由楼板基础层、保温隔热层、细石混凝土或沙浆层、砂浆找平层和地面层等组成,其安装结构如图 3-31 所示。从图 3-31 中可以看出,埋管均设在建筑施工的细石混凝土层中,或设在水泥砂浆层中,在埋管与楼板结构层的砂浆找平层之间,设置保温层,在覆盖层设置伸缩缝。其施工工序如图 3-32 所示。

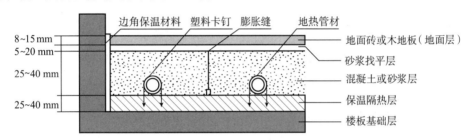

图 3-31　水暖的安装结构(效果)图

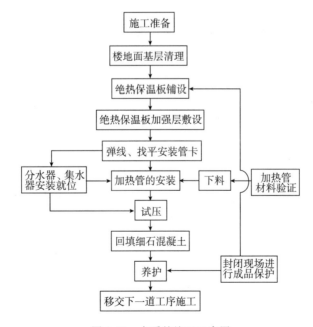

图 3-32　水暖的施工工序图

3.3.2 水暖的具体安装要求

1.场地准备

(1)确认铺设水暖区域内的隐蔽工程全部完成。

(2)完成非铺设水暖区域地面的施工。

(3)完成有防水要求的地面防水处理施工。

(4)清理铺设水暖区域场地。要求地表面平整、干净,不允许有凹凸现象,不允许地表面有砂石、角砾和其他杂物。墙体与地面分界面应垂直、平顺。

2.楼地面基层的清理

凡采用地暖的工程,在楼地面施工时,必须严格控制地表面的平整度,仔细压抹,其平整度允许误差应符合混凝土或砂浆地面要求,在保温板铺设前应清除楼地面上的垃圾、浮灰、附着物,特别是油漆、涂料、油污等有机物必须清除干净。

3.绝热保温板的铺设

(1)绝热板应清洁、无破损,在楼地面铺设平整、搭接严密。绝热板拼接紧凑,间隙 10 mm,错缝敷设,板接缝处全部用胶带粘接,胶带宽度 40 mm。

(2)房间周围边墙、柱的交接处应设绝热板保温带,其高度要高于细石混凝土回填层。

(3)房间面积过大时,以 6000 mm×6000 mm 为方格留伸缩缝,缝宽 10 mm。伸缩缝处,用厚度 10 mm 绝热板立放,高度与细石混凝土回填层平齐。

4.绝热保温板加强层的施工(以低碳钢丝网为例)

(1)钢丝网规格为方格不大于 200 mm,在采暖房间满布,拼接处应绑扎连接。

(2)钢丝网在伸缩缝处不能断开,铺设应平整,无锐刺及跷起的边角。

5.加热管的敷设

如图 3-33 所示为加热盘的敷设效果图。

(1)加热管在钢丝网上面敷设,管长应根据工程上各回路长度酌情定尺,一个回路尽可能用一盘整管,应最大限度地减小材料损耗,填充层内不许有接头。

(2)加热管应按照设计图纸标定的管间距和走向敷设,加热管应保持平直,管间距的安装误差不应大于 10 mm。加热管敷设前,应对照施工图纸核定加热管的选型、管径、壁厚,并应检查加热管外观质量,管内部不得有杂质。加热管安装间断或完毕时,敞口处应随时封堵。

（3）安装时将管的轴线位置用墨线弹在绝热板上，抄标高、设置管卡，按管的弯曲半径≥10D（D 指管外径）计算管的下料长度，其尺寸偏差控制在±5％以内。必须用专用剪刀切割，管口应垂直于断面处的管轴线。严禁用电、气焊、手工锯等工具分割加热管。

（4）加热管应设固定装置。可采用下列方法之一固定：

①用固定卡将加热管直接固定在绝热板或设有复合面层的绝热板上；

②用扎带将加热管固定在敷设于绝热层上的网格上；

③直接卡在敷设于绝热层表面的专用管架或管卡上；

④直接固定于绝热层表面凸起间形成的凹槽内。

（5）同一通路的加热管应保持水平，确保管顶平整度为±5 mm。加热管安装时应防止管道扭曲；弯曲管道时，圆弧的顶部应加以限制，并用管卡进行固定，不得出现"死折"；塑料及铝塑复合管的弯曲半径不宜小于 6 倍管外径，铜管的弯曲半径不宜小于 5 倍管外径，加热管弯头处固定点的间距不大于 300 mm，直线段固定点的间距不大于 600 mm。

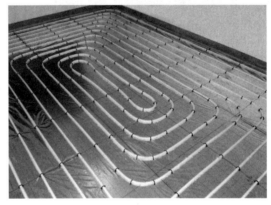

图 3-33　加热盘的敷设图

（6）在过门、过伸缩缝、过沉降缝时，应加装套管，套管长度≥150 mm。套管比盘管大两号，内填保温边角余料。

（7）加热管出地面至分水器、集水器连接处，弯管部分不宜露出地面装饰层。加热管出地面至分水器、集水器下部球阀接口之间的明装管段，外部应加装塑料套管。套管应高出装饰面 150～200 mm。

（8）加热管与分水器、集水器连接，应采用卡套式、卡压式挤压夹紧连接；连接件材料宜为铜质；铜质连接件与 PP-R 管或 PP-B 管直接接触的表面必须镀镍。

（9）加热管的环路布置不宜穿越填充层内的伸缩缝。必须穿越时，伸缩缝处应设长度不小于 200 mm 的柔性套管。

（10）伸缩缝的设置应符合下列规定。

①在与内外墙、柱等垂直构件交接处应留不间断的伸缩缝,伸缩缝填充材料应采用搭接方式连接,搭接宽度不应小于 10 mm;伸缩缝填充材料与墙、柱应有可固定措施,地面绝热层连接应紧密,伸缩缝宽度不宜小于 10 mm。伸缩缝填充材料宜采用高发泡聚乙烯泡沫塑料。

②当地面面积超过 30 m² 或边长超过 6 m 时,应按不大于 6 m 间距设置伸缩缝,伸缩缝宽度不应小于 8 mm。伸缩缝填充材料宜采用高发泡聚乙烯泡沫塑料或伸缩缝内满填弹性膨胀膏。

③伸缩缝应从绝热层的上边缘做到填充层的上边缘。

如图 3-34 所示为伸缩缝的安装效果图。

图 3-34　伸缩缝的安装效果图

6. 分水器、集水器的安装

如图 3-35 所示为分水器、集水器的安装效果图。

(1)分水器、集水器安装可在加热管敷设前安装,也可在敷设管道回填细石混凝土后与阀门、水表一起安装。安装必须平直、牢固,在细石混凝土回填前安装需做水压试验。

(2)当水平安装时,一般宜将分水器安装在上、集水器安装在下,它们之间的中心距离宜为 200 mm,且集水器中心距地面不小于 300 mm。

(3)当垂直安装时,分水器、集水器下端距地面应不小于 150 mm。

(4)加热管始末端出地面至连接配件的管段,应设置在硬质套管内。加热管与分水器、集水器分路阀门的连接,应采用专用卡套式连接件或插接式连接件。

(5)对应安装阀门。在分水器之前的供水连接管道上,顺水流方向应安装阀门、过滤器及泄水管。在分水器之前设置两个阀门,主要是供清洗过滤器和更换或维修热计量装置时关闭用;设过滤器是为了防止杂质堵塞流量计和加热管。热计量装置前的阀门和过滤器,也可采用过滤球阀替代。在集水器之后的回水连接管上,应安装泄水管,并加装平衡阀或其他可关断调解阀。系统配件应采用耐腐蚀材料。安装泄水装置,用于验收前及以后维修时冲刷管道和泄水用,最好泄水装置就近有地漏等排水装置。

(6)设置旁通。在分水器的总进水管与集水器的总出水管之间,应设置旁通管,旁通管上设置阀门。旁通管的连接位置应在总进水管的始端(阀门之前)和总出水管的末端(阀门之后)之间,保证对采暖管路系统冲洗时水不流进加热管。

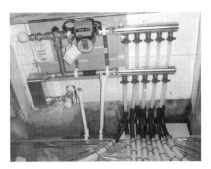

图 3-35 地暖分水器、集水器

7. 填充层的施工

(1)在加热管系统试压合格后方能进行细石混凝土层回填施工。细石混凝土层施工应遵循土建工程施工规定,优化配合比设计,选出强度符合要求、施工性能良好、体积收缩稳定性好的配合比。建议强度等级应不小于 C15,卵石粒径宜不大于 12 mm,并宜掺入适量防止龟裂的添加剂。

(2)敷设细石混凝土前,必须将敷设完管道后的工作面上的杂物、灰渣清除干净(宜用小型空压机清理)。在过门、过沉降缝处、过分格缝部位,宜嵌双玻璃条分格(玻璃条用 3 mm 玻璃裁划,比细石混凝土面低 1~2 mm),其安装方法同水磨石嵌条。

(3)细石混凝土在盘管加压(工作压力或试验压力不小于 0.4 MPa)状态下铺设,回填层凝固后方可泄压,填充时应轻轻捣固,铺设时不得在盘管上行走、踩踏,不得有尖锐物件损伤盘管和保温层,要防止盘管上浮,应小心下料、拍实、找平。

(4)细石混凝土接近初凝时,应在表面进行二次拍实、压抹,以防止顺管轴线出现塑性沉缩裂缝。表面压抹后应保湿养护 14 d 以上。

8. 面层的施工

(1)施工面层时,不得剔、凿、割、钻和钉填充层,不得向填充层内楔入任何物件;

(2)面层的施工,应在填充层达到要求强度后才能进行;

(3)石材、面砖在与内外墙、柱等垂直构件交接处,应留 10 mm 宽伸缩缝;木地板铺设时,应留不小于 14 mm 的伸缩缝。伸缩缝应从填充层的上边缘做到高出装饰层上表面 10~20 mm,装饰层敷设完毕后,应裁去多余部分。伸缩缝填充材料宜采用高发泡聚乙烯泡沫塑料。

(4)以木地板作为面层时，木材应经干燥处理，且应在填充层和找平层完全干燥后，才能进行地板施工。

(5)瓷砖、大理石、花岗石面层施工时，在伸缩缝处宜采用干贴。

9.卫生间的施工

(1)卫生间应做两层隔离层。

(2)卫生间过门处应设置止水墙，在止水墙内侧应配合土建专业做防水。加热管或发热电缆穿至水墙处应采取防水措施。其地面构造如图3-36所示。

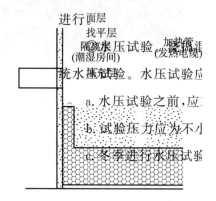

③水压试验步骤。水压试验应按下列步骤进行：

a.经分水器缓慢注水,同时将管道内空气排出;

b.充满水后,进行水密性检查;

c.采用手动泵缓慢升压,升压时间不得少于 15 min;

d.升压至规定试验压力后,停止加压 1 h,观察有无漏水现象;

e.稳压 1 h 后,补压至规定试验压力值,15 min 内的压力降不超过 0.05 MPa,无渗漏为合格。

(2)调试

①系统调试条件:供回水管全部水压试验完毕符合标准;管道上的阀门、过滤器、水表经检查确认安装的方向和位置均正确,阀门启闭灵活;水泵进出口压力表、温度计安装完毕。

②系统调试:热源引进机房通过恒温罐及采暖水泵向系统管网供水。调试阶段系统供热温度起始温度为常温 25～30 ℃范围内运行 24 h,然后缓慢逐步提升,每 24 h 提升不超过 5 ℃,在 38 ℃恒定一段时间,随着室外温度不断降低再逐步升温,直至达到设计水温,并调节每一通路水温达到正常范围。

(3)竣工验收

符合以下规定的,方可通过竣工验收:

①竣工质量符合设计要求和施工验收规范的有关规定;

②填充层表面不应有明显裂缝;

③管道和构件无渗漏;

④阀门开启灵活、关闭严密。

学 习 小 结

本章主要介绍了室内采暖系统施工图的识读、采暖管道及设备的安装方法,以及室内采暖系统的调试与验收方法与注意事项,旨在培养学生尊重规范和图纸、遵守操作规程和符合质量标准的意识,以及以保证整个工程达到“全优工程”的工匠精神。同时培养学生动手实践、问题处理和施工组织管理的能力,使学生具备建筑环境与能源系统中采暖管道及设备安装的劳动实践能力和实际采暖工程的美学鉴赏能力。

知 识 网 络

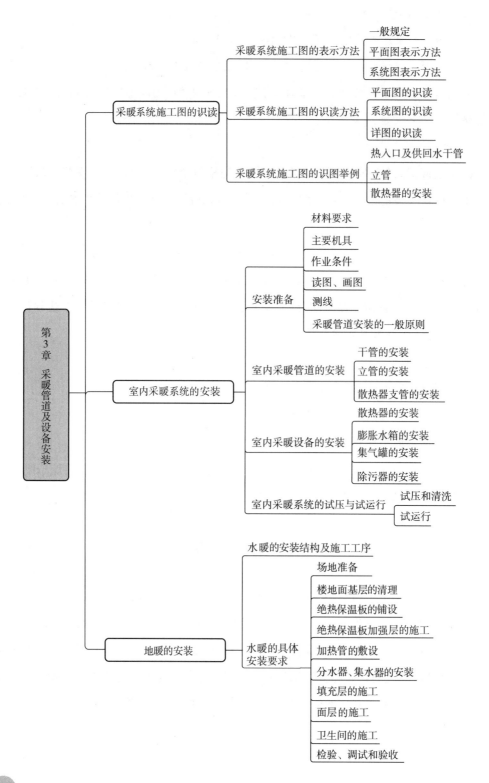

思 考 题

1. 如何识读采暖系统施工图？采暖系统施工图在采暖管道及设备的安装过程有何作用？

2. 室内采暖管道的安装都有哪些程序和要求？

3. 散热器的安装都有哪些程序和要求？

4. 为什么要进行采暖系统的试压和试运行？试压和试运行都有哪些程序和要求？

关 键 词 语

采暖　heating

散热器　radiator

膨胀水箱　water expansion tank

试压　pressure test

试运行　test run

第 4 章　风管及配件加工制作

导　　读

通风管道加工是指构成整个系统的风管及部、配件的制作过程,也就是从原材料到成品、半成品的成型过程。风管和配件大部分是由平板加工而成的。从平板到成品的加工,其基本加工工序可分为画线、剪切、成型、连接,以及安装法兰等步骤,基本工艺流程如图 4-1 所示。

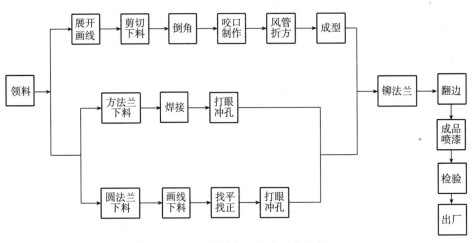

图 4-1　通风管道加工基本工艺流程

本章主要介绍风管及配件的加工制作方法。通过本章的讲解及动手实践,使学生自主完成风管及其配件的加工制作任务,具备建筑环境与能源系统中风管及其配件加工制作的劳动实践能力;培养学生动手实践、问题处理和施工组织管理能力,培养学生遵守操作规程和质量标准的意识;使学生明白吃苦耐劳、精益求精的工匠精神的重要性。

4.1　画　　线

按照风管或配件的外形尺寸把它的表面展成平面,在平板上依实际尺寸画成展开图,这个过程称为展开画线,在工地也称为放样。画线的正确与否直接关系到风管或配件的尺寸大小和制作质量,所以画线必须要有足够的精度,这样才能保证成品的尺寸偏差不超过规定值。制作金属风管和配件,其外径或外边长≤300 mm 的允许偏差为 1 mm,>300 mm 的允许偏差为 2 mm。

4.1.1　常用画线工具

常用画线工具包括以下几种。

(1)不锈钢直尺:1 m 长,用于度量直线长度和画线。

(2)钢直尺:2 m 长,用于画直线。

(3)直角尺:用薄钢板或不锈钢板制成,用于画平行线或垂直线,并可用于检验两平面是否垂直。

(4)划规:用于画较小的圆、圆弧和裁取线段长度等。

(5)量角器:用于测量和划分各种角度。

(6)划针:用工具钢制成,端部磨尖,用于在板材上画出清晰的线痕。

(7)冲子:多用高碳钢制成,用于冲点做记号、定圆心。

(8)曲线板:用带弹性的钢片条制成,用于连接曲面上的各个截取点,画出曲线或弧线,调节弧线的曲率,用以画曲线。

4.1.2　画线方法

风管和配件表面展开图,是以画法几何原理为基础采用近似法展开绘制的。在工地或加工厂往往预先制成各种规格配件的样板,需用时只要按样板形状画线,就可得到配件的表面展开图,这样大大简化了工序,加快了进度。但对工作中常使用的几种画线(画展开图)方法,还必须了解和掌握。现结合几类配件的画法介绍如下。

1. 平行线法

此法适用于成圆柱形配件的展开,例如圆形 90°弯管展开图。圆形弯管是通风工程中常用到的配件之一。它可以按设计所需的中心角,由若干管节组对而成。设在弯管两端与直管段相连接的管节叫端节,两端节之间的叫中节。为了制作上的方便,弯管的每个中节都相同,一个中节正好分成两个端节。弯管的弯曲半径 R 大,中间节数多,则其平滑度好,局部阻力小,但占空间位置大,费工较多。反之,弯曲半径小,中间节数少,费工也较少,但阻力增大。为此,在施工规范中对圆形弯管的弯曲半径和最少节数做了规定,见表 4-1 所列。

表 4-1 圆形风管弯曲半径及分节数

弯管直径 D/mm	弯曲半径 R/mm	弯曲角度和最少节数							
		90°		60°		45°		30°	
		中节	端节	中节	端节	中节	端节	中节	端节
80～220	$R=(1\sim1.5)D$	2	2	1	2	1	2	—	2
240～450	$R=(1\sim1.5)D$	3	2	2	2	1	2	—	2
480～800	$R=(1\sim1.5)D$	4	2	2	2	1	2	1	2
850～1400	$R=(1\sim1.5)D$	5	2	3	2	2	2	1	2
1500～2000	$R=(1\sim1.5)D$	8	2	5	2	3	2	2	2

圆形弯管的展开画法,根据已知的弯管直径 D、角度及确定的弯曲半径 R 和节数,画出正侧投影图,如图 4-2 所示。由 $ABCD$ 构成的四边形即是端节,将此端节按以下方法展开。

①另画 $ABCD$ 四边形,在 AB 上找出中点作半圆弧 $\overset{\frown}{AB}$,将 $\overset{\frown}{AB}$6 等分,得 2,3,4,5,6 各点,在这些点上各作垂线垂直 AB 并相交于 CD 得 $2',3',4',5',6'$各点。

②将 AB 线延长,在延长线上截取 12 段等长线段,其长度等于 $\overset{\frown}{AB}$ 弧上的等分段,如 $\overset{\frown}{A2}$ 或 $\overset{\frown}{23}$、$\overset{\frown}{34}$……通过此延长线上的线段交点作垂线。

③通过 CD 线上所得的各点 D、$2'$、$3'$、$4'$、$5'$、$6'$ 和 C,作平行于 AB 的线并向右延长相交于相应的点的垂线,如图 4-3(b)所示,如 D 点的平行线相交于 A 点垂线得 D'。然后将这些交点以圆滑的曲线相连,两端闭合,即成此端节的展开图。

简化的画法,可将 $ABCD$ 四边形中的各垂直线段 AD、$22'$、$33'$、$44'$、$55'$、$66'$、BC 依次丈量在 12 等分的垂直线段上,将这些交点连成曲线。在实际操作时,由于弯管的内侧咬口手工操作不易打得紧密,如图 4-3(a)的 C 点,使弯管各节组合后达不到 90°角(略大于 90°),所以在画线时要把内侧高 BC 减去 h 距离(一般 $h=2$ mm),用 BC' 线段的长度来展开。

画好端节展开图,应放出咬口留量,如图中的虚线外框,咬口的留量根据各种不同的咬口形式而定,再把端节展开图作为样板放出中节的展开图。

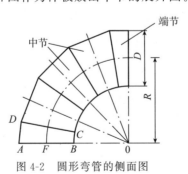

图 4-2 圆形弯管的侧面图

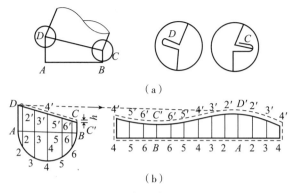

（a）

（b）

图 4-3　弯头端节的展开

2. 放射线法

此法适用于呈圆锥形的配件的展开,例如圆形正心异径管和圆形斜三通的展开图。

(1)圆形正心异径管的展开画法

如图 4-4 所示,根据已知大口直径 D、小口直径 d 及高 h 作出异径管的立面图、平面图、延长立面图上的 AC 和 BD 交于 O 点。以 O 点为圆心,分别以 OC 和 OA 为半径作两圆弧。将平面图上的外圆 12 等分,把这 12 等分弧段依次丈量在以 OA 为半径的弧线上,图形 $A''A'C'C''$ 即为此正心圆异径管的展开图。需要咬口和翻边的则应留出余量。

当圆形正心异径管的大小口直径相差很小,交点 O 将在很远处,这就应采用近似画法来展开。根据已知大口直径 D、小口直径 d 及高度 h 画出平面图、立面图,把平面图上的大小圆周 12 等分,以异径管管壁素线 l、$\pi D/12$、$\pi d/12$ 作出分样图,然后用分样图在平板上依次画出 12 块,即成此圆形正心异径管的展开图,如图 4-5 所示。此法简单实用,但在连接 πD 和 πd 圆弧时应加以复核修正,以减小误差。

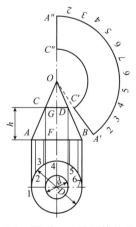

图 4-4　圆形正心异径管的展开

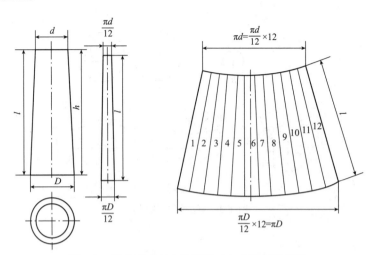

图 4-5　不易得到顶点的圆形正心异径管的展开

（2）圆形斜三通的展开画法

如图 4-6 所示,根据已知大口径 D、小口直径 D'、支管直径 d、三通高 H 和主管与支管轴线的交角 α 画出三通的立面图。在一般通风系统中,$\alpha = 25° \sim 30°$;在除尘系统中,$\alpha = 15° \sim 20°$。主管和支管边缘之间的距离 δ,应能保证安装法兰盘,并应便于上紧螺栓。在画斜三通的展开图时,把主管和支管分别展开在板材上,然后再连接在一起。

主管部分展开图的画法:如图 4-7（a）所示,作主管部分的立面图,在上下口径上各作辅助半圆并把它 6 等分,按顺序编上相应的序号,并画上相应的外形素线。如图 4-7（b）所示,把主管部分先看作大小口径相差较小的圆形正心异径管,据此画出扇形展开图,并编上序号。扇形展开图上截取 $7K$ 等于立面图上的实长 $7K$,截取 $6M_1$ 等于立面图上 6 号素线的实长 $7M_1$,截取 $5N_1$ 等于立面图上 5 号素线的实长 $7N_1$,4 号素线的实长即立面图上的 $77'$ 等于扇形展开图上的 $44'$。将扇形展开图上的 KM_1N_14' 连成圆滑的曲线,两侧对称,则得主管部分的展开图。

支管部分展开图的画法基本和主管部分的展开图画法相同,如图 4-8 的下部图形,这里不再叙述。

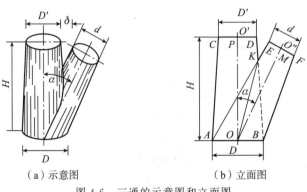

（a）示意图　　　　　　　（b）立面图

图 4-6　三通的示意图和立面图

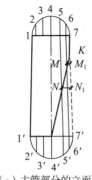 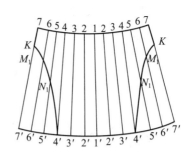

（a）主管部分的立面图　　　　　　　　（b）主管部分的展开图

图 4-7　圆形斜三通主管的展开画法

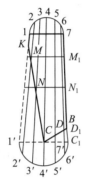 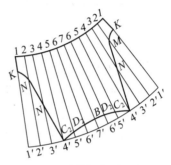

（a）支管部分的立面图　　　　　　　　（b）支管部分的展开图

图 4-8　圆形斜三通支管的展开画法

（3）三角形法

三角形法是利用三角形作图的原理，把配件表面分成若干三角形，然后依次把它们组合成展开图。例如，偏心天圆地方的展开画法，可按如下步骤进行。

首先，根据已知圆口直径 D、矩形口边长、高度 h 及偏心距画出平面图、立面图，如图 4-9（a）（c）所示。在平面图上将半圆 6 等分，编上序号 1～7，并把各点和矩形底边的 $EABF$ 相应连接起来。

其次，利用已知直角三角形两垂直边可求得斜边长的方法来求表面各线的实长。如图 4-9（b）所示，求 E1 实长，以平面图上 E1 的投影为一边，以高 h 为另一边，连接两端点的斜线即 E1 实长；以平面图上 A1 的投影为一边，以高 h 为另一边，连接两端点的斜线即 A1 实长；同理，逐一求出各线实长。h 为共用高。

最后，画展开图。用已知三直线之长作三角形的方法画出表面上的三角形，并以相邻公用线为基线依次组合起来。如图 4-9（d）所示，在一直线上截取 E1 实长为 1E，以 EA 和 A1 的实长为半径，分别以 E 和 1 两点为圆心，画弧交于 A 点，以 A2 的实长和 12 的弦长为半径，分别以 A 和 1 点为圆心，画弧交于 2 点，连接 1EA 和 A12 得两个三角形，线 A1 为相邻公用线。这样，依次画下去，连接各点，就得到偏心天圆地方对称一半的展开图。

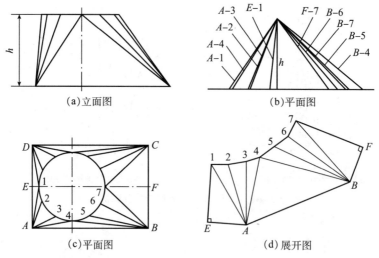

图 4-9　偏心天圆地方的展开画法

（4）特殊三角形展开法

此法是用于圆形部件的展开，作法比较简便，易于掌握。这里以圆形弯管（虾米腰）展开图为例说明。

已知弯管直径 D、弯曲半径 R、弯曲角度 α 和弯管节数 n（中间节加两个端节之和），则可按如下步骤展开。

如图 4-10(a)所示，作 $\angle AOB = \alpha/[2(n-1)]$，$OF = D/2$，$OB = R$，$EF \perp OB$，$AB \perp OB$，$EF$ 就是端节的最短素线（或中间节最短素线的一半长）。以 EF 的中点为圆心、EF 为半径，作弧交 OB 于点 C，连接 EF 中点 F 点、C 点得直角三角形，其三条边 1、2、3 便是实长线。

如图 4-10(b)所示，作 $MN = \pi D$ 并 12 等分，过各等分点上下引垂线，将线段 1、2、3 分别依次量在垂线上，再作 $MP = NT = AB$ 并垂直于 MN，连接 MN 垂线上的交点成一圆滑的 S 形曲线。平面 $MNTP$ 即为圆弯管的端节展开图，增加对称的一半即为中节展开图。

从以上作图可以看出，$\angle AOB$ 取决于 α 和 n，所以无论弯管的 D 和 R 如何变化，只要 α 和 n 相同，就可以在同一图面上求得实线长，依次画出展开图。

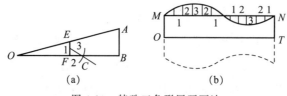

图 4-10　特殊三角形展开画法

4.2　剪 切 下 料

金属薄板的剪切就是按画线的形状进行裁剪下料。剪切前必须对所画出的剪切线进行仔细的复核,避免下料错误造成材料浪费。板材剪切的要求:必须按画线形状进行裁剪;注意留出接口留量(如咬口、翻边留量);做到切口整齐、直线平直、曲线圆滑、角度准确。剪切分为手工剪切和机械剪切。

4.2.1　手工剪切

常用工具为手剪。手剪分直线剪和弯剪两种。直线剪适用于剪直线、圆及弧线的外侧边,弯剪用于剪曲线及弧线的内侧边。手工剪切的钢板厚度不大于 1.2 mm。手工剪切是常用的剪切方法,但劳动强度大。

4.2.2　机械剪切

用机械剪切金属板材可成倍地提高工作效率,且切口质量较好。使用机械进行板材剪切时,剪切厚度不得超过剪床规定厚度,以免损坏机械。剪床应定期检查保养。常用的剪切机械有龙门剪板机、双轮剪板机和振动式曲线剪板机。

1.龙门剪板机(图 4-11)

龙门剪板机适用于板材的直线剪切,剪切宽度为 2000 mm,厚度为 4 mm。该机由电动机通过皮带轮和齿轮减速,经离合器动作,由偏心连杆带动滑动刀架上的刀片和固定在床身上的下刀片进行剪切。当剪切大批量规格相同的板材时,可不画线,只要把床身后面的可调挡板调至所需要的尺寸,板材靠紧挡板就可进行剪切。

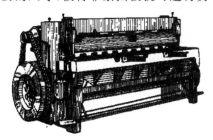

图 4-11　龙门剪板机

2.双轮剪板机(图 4-12)

双轮剪板机适用于剪切厚度在 2 mm 以内的板材,可做直线和曲线剪切,使用范围较宽,操作也较灵活,人工操作时手和圆盘刀应保持一定距离,防止发生安全事故。

3.振动式曲线剪板机(图 4-13)

振动式曲线剪板机适用于剪切厚度为 2 mm 以内的曲线板材。该机能在板材中间直接剪切内圆(孔),也能剪切直线,但效率较低。它由电动机通过皮带轮带动传动轴旋转,使传动轴端部的偏心轴及连杆带动滑块做上下往复运动,用固定在滑块上的上刀片和固定在床身上的下刀片进行剪切。该机刀片小、振动快,剪切曲线板材最为方便。

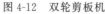
图 4-12　双轮剪板机

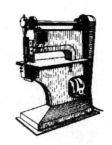
图 4-13　振动式曲线剪板机

4.3　折方和卷圆

4.3.1　折方

折方是用于矩形风管和配件的直角成型。手工折方时,先将厚度小于 1.0 mm 的钢板放在方垫铁(或槽钢、角钢)上打成直角,然后用硬木方尺进行修整,打出棱角,使表面平整;机械折方时,则使用扳边机压制折方。如图 4-14 所示为手动扳边折方机。

4.3.2　卷圆

当加工的圆管直径较大时,一般不需卷圆,只需将咬门折边互相挂合后用木褪或木方尺打实打紧即可,待铆接法兰时圆管套进法兰后便自然圆整。只有当直径较小、板材较厚时才需要卷圆。圆形风管制作时卷圆的方法有手工和机械两种。手工卷圆一般只能卷厚度在 1.0 mm 以内的钢板。将打好咬口边的板材在圆垫铁或圆钢管上压弯曲,卷接成圆形,使咬口互相扣合,并把接缝打紧合实,最后再用硬木尺均匀敲打找正,使圆弧均匀成正圆。机械卷圆是利用卷圆机进行的。卷圆机适用于厚度 2.0 mm 以内、板宽 2000 mm 以内扳材的卷圆。如图 4-15 所示为卷圆机。

图 4-14　手动扳边机

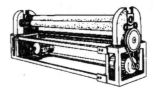
图 4-15　卷圆机

4.4　板　材　连　接

通风空调工程中制作风管和各种配件时,必须把板材进行连接。金属薄板的连接有3种方式:咬口连接、铆钉连接和焊接(电焊、气焊、氩弧焊和锡焊)。金属风管的咬口连接或焊接选用参见表4-2所列。

表 4-2　金属风管的咬口连接或焊接选用参考

板厚 δ/mm	材质		
	钢板(不包括镀锌钢板)	不锈钢板	铝板
$\delta \leqslant 1.0$	咬接	咬接	咬接
$1.0 < \delta \leqslant 102$			
$1.2 < \delta \leqslant 1.5$	焊接(电焊)、咬接	焊接(氩弧焊、电焊)	
$\delta > 1.5$			焊接(气焊或氩弧焊)

4.4.1　咬口连接

板厚≤1.2 mm 时主要采用咬口连接。咬口缝外观要求平整,这能够提高风管的刚度。咬口方法分为手工咬口和机械咬口两种。常用咬口形式及适用范围参见表 4-3所列。

表 4-3　常用咬口形式及适用范围

形式名称	图示	适用范围
单咬口		用于板材的拼接和圆形风管的闭合咬口
立咬口		用于圆形弯管或直管的管节咬口
联合角咬口	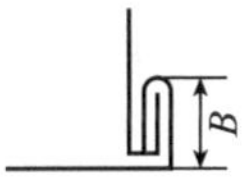	用于矩形风管、弯管、三通管及四通管的咬接
转角咬口		较多地用于矩形直管的咬缝和有净化要求的空调系统,有时也用于弯管或三通管的转角咬口缝
按扣式咬口	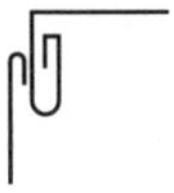	用于矩形风管、弯管、三通与四通的转角缝

1.手工咬口

过去铁皮风管的加工基本靠手工操作。在折边和压实过程中采用硬质木方板和木槌。先把要连接的板边按咬口宽度在板上画线,然后放在有固定槽钢或角钢的工作台上,用木方打板拍打成所需要的折边。当两块板边都曲折成型后使其互相搭接好,用木褪在搭接缝的两端先打紧,然后再沿全长打平打实,最后在咬口缝的反面再打实一遍。如图 4-16 所示为单平咬口加工过程,如图 4-17 所示为联合角咬口加工过程。

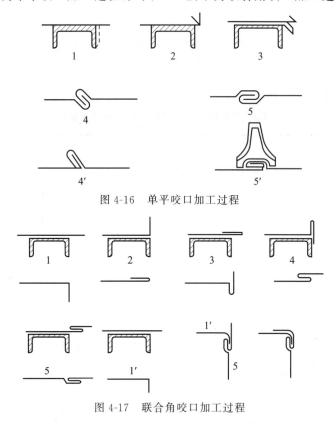

图 4-16　单平咬口加工过程

图 4-17　联合角咬口加工过程

2.机械咬口

常用的有直线多轮咬口机、圆形弯头联合咬口机、矩形弯头咬口机、合缝机、按扣式咬口机和咬口压实机等。目前已生产的有适用于各种咬口形式的圆形、矩形直管和矩形弯管、三通的咬口机系列产品。利用咬口机、压实机等机械加工的咬口,成型平整光滑,生产效率高,操作简便,无噪声,可大大改善劳动条件。目前生产的咬口机体积小,搬动方便,既适用于集中预制加工,也适合于施工现场使用。

4.4.2　铆钉连接

铆钉连接是将要连接的板材翻边搭接,用铆钉穿连并铆合在一起的连接,如图 4-18(a)所示,主要用于风管、部件或配件与法兰的连接。铆接在管壁厚度 $\delta \leqslant 1.5$ mm时,常采用翻边铆接。为避免管外侧受力后产生脱落,铆接部位应在法兰外侧。铆接直径应为板厚的 2 倍,但不得小于 3 mm,其净长度 $L = 2\delta + (1.5 \sim 2)$ mm。d 为铆钉直径,δ 为连接钢板的厚度,铆钉与铆钉之间的中心距一般为 40～100 mm,铆钉孔中心到板边的距离应保持(3～4)d,如图 4-18(b)所示。

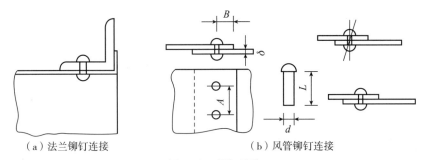

（a）法兰铆钉连接　　　　　　　（b）风管铆钉连接

图 4-18　铆钉连接

　　手工铆接时,先把板材与角钢画好线,以确定铆钉位置,再按铆钉直径用手电钻打铆钉孔,把铆钉自内向外穿过,垫好垫铁,用钢制方锤打敲钉尾,再用罩模罩上把钉尾打成半圆形的钉帽。这种方法工序较多、工效低、锤打噪声大。

　　手提式电气电动液压铆接钳是一种效果良好的铆接机械。它由液压系统、电气系统、铆钉弓钳 3 部分组成,如图 4-19 所示。其铆接方法及工作原理:先将铆钉钳导向冲头插入角铁法兰铆钉孔内,再把铆钉放入磁性座中,按动手钳上的按钮,使压力油进入软管注入工作油罐,罐内活塞迅速伸出使铆钉顶穿铁皮实现冲孔。活塞杆上的铆克将工件压紧,使铆钉尾部与风管壁紧密结合,这时油压加大,又使铆钉在法兰孔内变形膨胀挤紧,外露部分则因塑性变形成为大于孔径的鼓头。铆接完成后,松开按钮,活塞杆复位。整个操作过程平均为 2.2 s。使用铆接钳工效高、省力、操作简便,穿孔、铆接一次完成,噪声很小,质量很高。

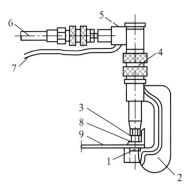

1—磁性铆钉座;2—弓钳;3—铆克及冲头;4—油缸;

5—按钮开关;6—油管;7—电线;8—角钢法兰;9—风管。

图 4-19　手提式电气电动液压铆接钳

4.4.3　焊接

　　当普通(镀锌)钢板厚度 $\delta>1.2$ mm(或 1 mm),不锈钢板厚度 $\delta>7$ mm,铝板厚度 $\delta>1.5$ mm 时,若仍采用咬口连接,则因板材较厚、机械强度高而难于加工,且咬口质量也较差,这时应当采用焊接的方法,以保证连接的严密性。

常用的焊缝形式有对接焊缝、角焊缝、搭接焊缝、搭接角缝、扳边焊缝、扳边角焊缝等,见表4-4所列。板材的拼接缝、横向缝或纵向闭合缝可采用对接焊缝;矩形风管和配件的转角可采用角焊缝;矩形风管和配件及较薄板材拼接时,采用搭接缝、扳边角缝和扳边焊缝。

表4-4　焊缝形式

序号	焊缝名称	焊缝形式	序号	焊缝名称	焊缝形式
1	对接焊缝		4	搭接角缝	
2	角焊缝		5	扳边焊缝	
3	搭接焊缝		6	扳边角焊缝	

常用的焊接方法有气焊(氧-乙炔焊)、电焊或接触焊,对镀锌钢板则用锡焊加强咬口接缝的严密性。

电焊一般用于厚度大于1.2 mm薄钢板的焊接。其预热时间短、穿透力强、焊接速度快、焊缝变形较小。矩形风管多用电焊焊接,焊接时应除去焊缝周围的铁锈、污物,对接缝时应留出0.5~1.0 mm的对口间隙;搭接焊时应留出10 mm左右的搭接量。

气焊用于厚度0.8~3 mm钢板的焊接。其预热时间较长、加热面积大,焊接后板材变形大,影响风管表面的平整。为克服这一缺点,常采用扳边焊缝及扳边角焊缝,先分段点焊好后再进行连续焊接。

风管的拼接缝和闭合缝还可用点焊机或缝焊机进行焊接。

镀锌钢板的锡焊仅做咬口的配合使用,以加强咬口缝的严密度。锡焊用的烙铁或电烙铁、锡焊膏、盐酸或氯化锌等用具和涂料必须齐备,锡焊必须严格进行接缝处的除锈,方可焊接牢固。

氩弧焊接由于有氩气保护被焊接的板材,故熔焊接头有很高的强度和耐腐蚀性能,且由于加热量集中、热影响区小、板材焊接后不易发生变形,因此更适于不锈钢板及铝板的焊接。

所有焊接的焊缝表面应平整均匀,不应有烧穿、裂缝、结瘤等缺陷,以符合焊接质量要求。

4.5 法兰制作

目前,风管与风管之间,风管与部件、配件之间的连接,主要采用法兰连接。

4.5.1 圆形风管法兰

圆形风管法兰用料规格见表 4-5 所列。

表 4-5 圆形风管法兰

圆形风管直径/mm	法兰用料规格/mm	
	扁钢	角钢
≤140	—25×4	
150~280	—25×4	
300~500		∟ 25×3
530~1250		∟ 30×4
1320~2000		∟ 40×4

圆形风管法兰的加工顺序是下料、卷圆、焊接、找平、加工螺栓孔和铆钉孔。法兰卷圆分为手工煨圆和机械卷圆两种方式。手工煨圆又分为冷煨和热煨两种。

1. 冷煨法

采用手工煨弯时应先下料后煨圆,其下料长度按下式确定:

$$S = \pi(D + B/2)$$

式中,S——下料长度,单位 mm;

D——法兰内径,单位 mm;

B——扁钢或角钢宽度,单位 mm。

根据计算长度下料,切断后在铁模上用手锤逐渐把扁(角)钢打弯,直到圆弧均匀无扭曲,再用电焊焊接封口,然后再画线钻螺栓孔。

2. 热煨法

手工热煨时,将切断后的钢材在烘炉上加热到 1000~1100 ℃(呈红黄色),然后放在弧形胎模上,端部用卡箍卡住,用火钳夹住另一端,沿弧形胎模煨圆,同时用手锤和平锤找正、找平,并随时按样板找圆,最后焊接钻孔。如图 4-20 所示为手工热煨圆示意图。

图 4-20 手工热煨圆示意图

3.机械卷圆

机械卷圆时可采用法兰煨弯机。如图 4-20 所示,它由电机通过齿轮带动两个下辊轮旋转,直的钢材插入辊轮内被辊轮带动旋转,直钢材被卷成螺旋圆。应按下列程序操作:①先调整弯曲半径,再将型钢的一端放入煨弯机,进行煨制;②在煨制到 1/4 圆周时,应停机检查半径是否符合要求,若合格则继续煨制;③煨制到接近一周时,用手轻拉已煨好的一端,使其稍微偏离圆周平面,呈螺旋形进行,防止撞机;④在型钢全部送入机内煨完时停机取下,进行切断、整平,然后焊接钻孔。

图 4-21　法兰煨弯机

4.5.2　矩形风管法兰

矩形风管法兰用料规格见表 4-6 所列。

表 4-6　矩形风管法兰用料规格

矩形风管大边长/mm	法兰用料规格/mm
≤630	∟ 25×3
800～1250	∟ 30×4
1600～2000	∟ 40×4

矩形风管法兰的加工顺序是下料、组合成型、找正、焊接、钻孔。

矩形风管法兰一般用 4 根角钢焊成,长度等于风管边长。加工时注意找正调直,并钻出铆钉孔再进行焊接,然后一副法兰卡紧在一起,钻螺栓孔并编号。矩形风管法兰的四角都应设置螺栓孔。

圆形风管法兰内径或矩形风管法兰的内边尺寸不得小于风管外径或外边长尺寸,允许偏差为±2 mm,不平度不应大于 2 mm,以保证连接紧密不漏风。法兰上钻孔直径应比连接螺栓直径大 2 mm,螺栓及铆钉的间距不应大于 150 mm。

风管与扁钢法兰连接时,可采用翻边连接。风管与角钢法兰连接,管壁厚度小于或等于 1.5 mm,采用翻边铆接,铆接部位应在法兰外侧。管壁厚度大于 1.5 mm,采用翻边点焊或沿风管的周边将法兰满焊,如图 4-22 所示。

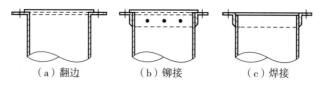

|（a）翻边|（b）铆接|（c）焊接|

图 4-22　法兰盘与风管的连接

4.6　风管的加固

薄钢板大截面的矩形风管刚度较差,为了使其断面不变形,也为了减少由于管壁振动而产生的噪声,应对其采取加固措施。

圆形风管本身刚度较好,一般不需要加固。当直径大于 700 mm,两端法兰间距较大时,每隔 1.2 m 左右,加设一道 25×4 的扁钢加固圈,用铆钉固定在风管上。

矩形风管当边长大于或等于 630 mm,管段在 1.2 m 以上应采取加固措施。几种常见风管加固方法介绍如下。

(1)采用角钢做加固框。这是使用较普遍的加固方法,但所用钢材较多。边长 1000 mm 以内的用角钢 25×4;边长大于 1000 mm 的用角钢 30×4,铆接在风管钢板外侧,或用角钢作加固肋条,铆在风管大面上。加固框用 $d=4\sim5$ mm 铆钉连接,间距 150~200 mm。角钢、加固筋的加固,应排列整齐、均匀对称,其高度应小于或等于风管的法兰宽度。角钢、加固筋与风管的铆接应牢固,间隔应均匀,不应大于 220 mm;两相交处应连接成一体,如图 4-23 所示。

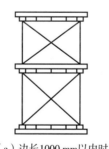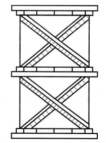

|（a）边长1000 mm以内时|（b）边长1500~2000 mm时|

图 4-23　矩形风管的加固

(2)在风管内壁纵向设置加固肋条。用镀锌薄钢板条压成三角棱形铆在风管内,也可节省钢材。在空气洁净系统中不能用。

(3)将钢板面加工出凸棱。大面上凸棱呈对角线交叉,不保温风管凸向外侧,保温风管凸向内侧。这种方法不需要另用钢材,但适用于矩形边长不太大的风管。在空气洁净系统中不能用。

4.7 配件的加工

4.7.1 弯头的加工

对于圆弯头,是把剪切下的端节和中间节先做纵向接合的咬口折边,再卷圆咬合成各个节管,然后手工或用机械在节管两侧加工立咬口的折边,进而把各节管一一组合成弯头。对于弯头的咬口,要求咬口严密一致,各节的纵向咬口应错开,成型的弯头应和要求的角度一致,不应发生歪扭现象。

当弯头采用焊接时,应先将各管节焊好,再次修整圆度后,进行节间组对点焊成弯管整型,经角度、平整等检查合格后,再进行焊接。点焊的点应沿弯头圆周均匀分布,按管径大小确定点数,但最少不少于3处,每处点焊缝不易过长,以点住为限。施焊时应防止弯管两面及周长出现受热集中现象。焊缝采用对接缝。

矩形弯头的咬口连接或焊接参照圆形弯头的加工。

4.7.2 三通的加工

圆形三通主管及支管下料后,即可进行整体组合。主管和支管的结合缝的连接,可采用咬口、插条或焊接连接。

当采用咬口连接时,用覆盖法咬接,如图 4-24 所示。先把主管和支管的纵向咬口折边放在两侧,把展开的主管平放在支管上套好咬口缝,如图 4-24 所示的步骤 1、2;再用手将主管和支管扳开,把结合缝打紧打平,如图 4-24 所示的步骤 3、4;最后把主管和支管卷圆,并分别咬好纵向结合缝,打紧打平纵向咬口,进行主、支管的正圆修整。

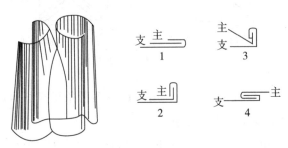

图 4-24 三通的覆盖法咬接

当采用插条连接时,主管和支管可分别进行咬口、卷圆、加工成独立的部件,然后把对口部分放在平钢板上检查是否贴实,再进行接合缝的折边工作。折边时主管和支管均为单平折边,如图 4-25 所示。用加工好的插条,在三通的接合缝处插入,并用木锤轻轻敲打。插条插入后,用小锤和衬铁打紧打平。

图 4-25　三通的插条法加工

当采用焊接使主管和支管连接时,先用对接缝把主管和支管的结合缝焊好,经板料平整消除变形后,将主、支管分别卷圆,再分别对缝焊接,最后进行正圆修整。

矩形三通的加工可参照矩形风管的加工方法进行咬口连接。当采用焊接时,矩形风管和三通可按要求采用角焊缝、搭接角焊缝或扳边角焊缝。

4.7.3　变径管的加工

圆形变径管下料时,咬口留量和法兰翻边留量应留得合适,否则会出现大口法兰与风管不能紧贴,小口法兰套不进去等现象,如图 4-26(a)所示。为防止出现这种现象,下料时可将相邻的直管剪掉一些,或将变径管高度减少,将减少量加工成正圆短管,套入法兰后再翻边,如图 4-26(b)所示。为使法兰顺利套入,下料时可将小口稍微放小些,把大口稍微放大些,从上边穿大口法兰,翻边后,再套入上口法兰进行翻边。

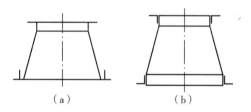

（a）　　　　　　　（b）

图 4-26　圆形变径管的加工

矩形变径管和天圆地方管的加工,可用一块板材加工制成。为了节省板材,也可用 4 块小料拼接,即先咬合小料拼合缝,再依次卷圆或折边,最后咬口成型。

弯头、三通、变径管等风管配件已标准化,可按实际需要查阅《全国通用通风管道配件图表》,按规定的标准规格和尺寸作为配件加工的依据。

当通风或空调系统采用法兰连接时,所有直风管、风管配件在加工后均应同时将两端的法兰装配好。

4.8 其他风管及配件的加工

4.8.1 不锈钢风管及配件的加工

不锈钢钢板含有适量铬、镍成分,因而在板面形成一层非常稳定的钝化保护膜。该板材具有良好的耐高温和耐腐蚀性,有较高塑性和优良的机械性能,常用来做输送腐蚀性气体的风管和配件。

不锈钢钢板加工时不得退火,以免降低其机械强度。焊接时宜用非熔化极(钍化钨)电极的氩弧焊。焊接前,应将焊缝处的污物、油脂等用汽油或丙酮清洗干净。焊接后要清理焊缝处的焊渣,并用钢丝刷刷出光泽,再用10%的硝酸溶液酸洗焊缝,最后用热水冲洗。不锈钢板的焊接还可用电焊、点焊机或焊缝机进行。

不锈钢板画线放样时,应先做出样板贴在板材面上,用红蓝铅笔画线,不可用硬金属划针画线或作辅助线,以免损伤板面的钝化膜。

不锈钢板板厚 $\delta < 0.75$ mm 时,可用咬口连接,$\delta > 0.75$ mm 时,采用焊接。其风管和配件的加工方法同 4.4.3 节普通薄钢板。不锈钢风管和配件的法兰最好用不锈钢板剪裁的扁钢加工,风管的支架及法兰螺栓等,最好也用不锈钢材料。当法兰及支架等采用普通碳钢材料时,应涂耐酸涂料,并在风管与支架之间垫上塑料或木制垫块。不锈钢风管法兰用料规格见表4-7所列。

表 4-7 不锈钢法兰用料规格

圆形风管直径或 矩形风管大边长/mm	法兰用料规格/mm	圆形风管直径或 矩形风管大边长/mm	法兰用料规格/mm
≤280	—25×4	630~1000	35×6
320~560	—30×4	1120~2000	—40×8

4.8.2 铝板风管及配件的加工

通风工程常用的铝板有纯铝板和经退火处理的铝合金板。纯铝板有优良的耐腐蚀性能,但强度较差。铝合金板的耐腐蚀性不如纯铝板,但其机械强度高。铝板的加工性能良好,当风管和配件壁厚 $\delta \leqslant 1.5$ mm 时,可采用咬口连接,$\delta > 1.5$ mm 时,方可采用焊接。焊接以采用氢弧焊最佳。其加工方法同 4.4.3 节的普通薄钢板。铝板与铜、铁等金属接触时,会产生电化学腐蚀,因此应尽可能避免与铜、铁金属接触。

铝法兰可采用 5~10 mm 厚的铝板折成直角的形状,再加工成矩形或圆形风管法兰。铝板风管采用角型法兰,应翻边连接,并用直径 4~6 mm 的铝铆钉固定,不得用碳素钢铆钉代替。如采用碳素钢材(扁钢、角钢)做法兰时,应做防腐绝缘处理,如镀锌或喷绝缘漆等。铝板风管法兰用料规格见表 4-8 所列。

表 4-8　铝法兰用料规格

圆形风管直径或 矩形风管大边长/mm	法兰用料规格/mm		圆形风管直径或 矩形风管大边长/mm	法兰用料规格/mm	
	扁铝	角铝		扁铝	角铝
≤280	—30×6	∟ 30×4	630～1000	—40×10	—
320～560	—35×8	∟ 35×4	1 120～2000	—40×12	—

4.8.3　硬聚氯乙烯风管及配件的加工

硬聚氯乙烯风管和配件的加工过程是画线→剪切→打坡口→加热→成型(折方或卷圆)→焊接→装配法兰。

硬聚氯乙烯风管和配件的画线、展开放样方法同薄钢板风管及配件。但在画线时,不能用金属划针画线,而应用红蓝铅笔,以免损伤板面。由于该板材在加热后再冷却时,会出现收缩现象,故画线下料时要适当地放出余量。

硬聚氯乙烯板材的剪切可用剪板机(剪床),也可用圆盘锯或手工钢丝带锯。剪切应在气温 15 ℃ 以上的环境中进行。如冬季气温较低或板材厚度在 5 mm 以上时,应把板材加热至 30 ℃ 左右再进行剪切,以免发生脆裂现象。

硬聚氯乙烯板材打坡口以提高焊缝强度。坡口的角度和尺寸应均匀一致,可用锉刀、刨子或砂轮坡口机进行加工。

硬聚氯乙烯板材的加热可用电加热、蒸汽加热和热风加热等方法。一般工地常用电热箱来加热大面积塑料板材。

硬聚氯乙烯板材的焊接用热空气焊接。

硬聚氯乙烯圆形风管是在展开下料后,将板材加热至 100～150 ℃,达到柔软状态后,在胎模上卷制成型,最后将纵向结合缝焊接制成的。板材在加热卷制前,其纵向结合缝处必须先将焊接坡口加工完好。

硬聚氯乙烯矩形风管是用计算下料的大块板材四角折方,最后将纵向结合缝焊接制成的。风管折方应加热,加热可用热空气喷枪烤热。板厚在 5 mm 以上时,可用管式电加热器,通过自动控制温度加热。用管式电加热器加热折方的方法是把管式电加热器夹在板面的折方线上,形成窄长的加热区,因而其他部位不受热影响,板材变形很小,这样加热后折角的风管表面色泽光亮,弯角圆滑,管壁平直,制作效率也高。矩形风管在展开放样画线时,应注意不使其纵向结合缝落在矩形风管的四角处,因为 4 个矩形角处要折方。

圆形、矩形风管在延长连接组合时,其纵向接缝应错开,如图 4-27 所示。风管的延长连接用热空气焊接。焊接前,连接的风管端部应做好坡口,以加强对接焊缝的强度。焊接的加热温度为 210～250 ℃,选用塑料焊条的材质应与板材材质相同,直径见表 4-9 所列。中、低压系统硬聚氯乙烯圆形、矩形风管板材厚度分别见表 4-10、表 4-11 所列。

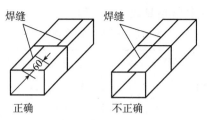

图 4-27　矩形风管纵向接缝位置

表 4-9　塑料焊条选用规格

板材厚度/mm	焊条直径/mm
2～5	2
5.5～15	3
>16	3.5

表 4-10　中、低压系统硬聚氯乙烯圆形风管板材厚度

风管直径 D/mm	板材厚度/mm
$D \leqslant 320$	3.0
$320 < D \leqslant 630$	4.0
$630 < D \leqslant 1000$	5.0
$1000 < D \leqslant 2000$	6.0

表 4-11　中、低压系统硬聚氯乙烯矩形风管板材厚度

风管大边长尺寸 b/mm	板材厚度/mm
$b \leqslant 320$	3.0
$320 < b \leqslant 500$	4.0
$500 < b \leqslant 800$	5.0
$800 < b \leqslant 1250$	6.0
$1250 < b \leqslant 2000$	8.0

当圆形风管直径或矩形风管大边长度大于 630 mm 时,应对硬聚氯乙烯风管进行加固。加固的方法是利用风管延长连接的法兰加固,以及用扁钢加固圈加固。硬聚氯乙烯风管的加固如图 4-28 所示,硬聚氯乙烯风管加固圈的规格及间距见表 4-12 所列。

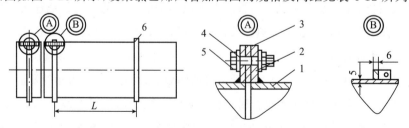

1—风管;2—法兰;3—垫料;4—垫圈;5—螺栓;6—加固圈。

图 4-28　硬聚氯乙烯风管的加固

表 4-12　硬聚氯乙烯风管加固圈规格及间距

圆形			矩形		
风管直径/mm	扁钢加固圈/mm		大边长/mm	扁钢加固圈/mm	
	宽度(a×b)	间距(L)		宽×厚(a×b)	间距(L)
560×630	—40×8	800	500	—35×8	800
700×800	—40×8	800	650×800	—40×8	800
900×1000	—45×10	800	1000	—45×8	400
1120×1400	—45×10	800	1250	—45×10	400
1600	—50×12	400	1600	—50×12	400
1800×2000	—60×12	400	2000	—60×15	400

　　硬聚氯乙烯风管配件的加工方法同第 4.4.3 节普通钢板风管、配件的加工。加工时画线下料均按焊接连接考虑,而不需放出咬口留量,但配件与法兰嵌接处仍应加留法兰装配余量。

　　硬聚氯乙烯风管与法兰的连接应采用焊接,其连接处宜加三角支撑,三角支撑间距为 300～400 mm。硬聚氯乙烯风管法兰的用料规格见表 4-13、表 4-14 所列。

表 4-13　硬聚氯乙烯圆形法兰用料规格

风管直径/mm	法兰用料规格			镀锌螺栓规格/mm
	宽×厚/mm	孔径/mm	孔数/个	
100～160	—35×6	7.5	6	M6×30
180	—35×6	7.5	8	M6×30
200～220	—35×8	7.5	8	M6×35
250～320	—35×8	7.5	10	M6×35
360～400	—35×8	9.5	14	M8×35
450	—35×10	9.5	14	M8×40
500	—35×10	9.5	18	M8×40
560～630	—40×10	9.5	18	M8×40
700～800	—40×10	11.5	24	M10×40
900	—45×12	11.5	24	M10×45
1000～1250	—45×12	11.5	30	M10×45
1400	—45×12	11.5	38	M10×45
1600	—50×15	11.5	38	M10×50
1800～2000	—60×15	11.5	40	M10×50

表 4-14　硬聚氯乙烯矩形法兰用料规格

风管大边长/mm	法兰用料规格			镀锌螺栓规格/mm
	宽×高/mm	孔径/mm	孔数/个	
120～160	—35×6	7.5	3	M6×30
200～250	—35×8	7.5	4	M6×35
320	—35×8	7.5	5	M6×35
400	—35×8	9.5	5	M8×35
500	—35×10	9.5	6	M8×40
630	—40×10	9.5	7	M8×40
800	—40×10	11.5	9	M10×40
1000	—45×12	11.5	10	M10×45
1250	—45×12	11.5	12	M10×45
1600	—50×15	11.5	15	M10×50
2000	—60×18	11.5	18	M10×60

学 习 小 结

　　本章主要介绍了通风空调管道的加工制作等内容,旨在培养学生尊重规范和图纸、遵守操作规程和质量标准的意识,以及以保证整个工程达到"全优工程"的工匠精神;同时培养学生的动手实践、问题处理和施工组织管理的能力,使学生具备建筑环境与能源系统中通风空调管道加工制作的劳动实践能力和实际通风空调工程的美学鉴赏能力。

知 识 网 络

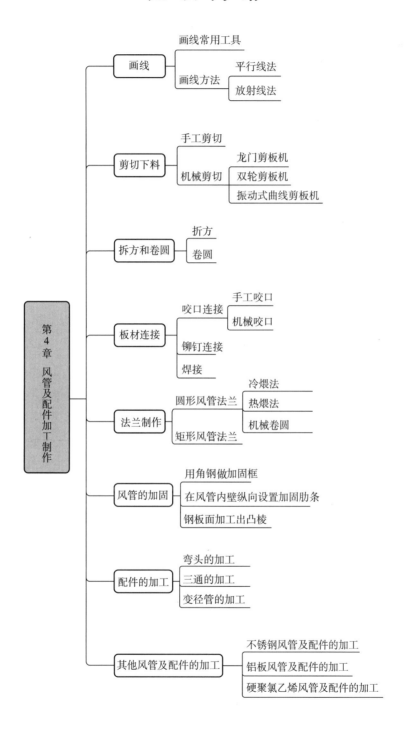

思 考 题

1.风管加工成型分为哪些程序？

2.风管板材有哪几种连接方法,各有什么特点？如何选择连接方法？

3.为什么要对风管进行加固？加固方式有哪些？

4.硬聚氯乙烯风管加工与金属风管加工有何异同？

关 键 词 语

通风　ventilation

空调　air-conditioning

支架　holder

吊架　hanging bracket

通风机　ventilator

空调机组　air handling unit，AHU

风机盘管　fan coil

消声器　noise silencer

空气过滤器　air filter

第5章 通风空调管道及设备安装

导　　读

在通风(ventilation)空调(air conditioning)系统安装工作开始进行时,先要进行现场测绘及绘制草图。现场测绘主要是根据设计图纸,在安装地点对管路和设备器具的实际位置、距离、尺寸及角度等进行测量和画单线图,弥补设计对建筑施工变化的不足,使安装工作顺利进行。安装草图是以施工图中的平立面、系统图为依据,结合现场具体条件测绘。测绘时应以干管中心为基线,测定下列基本尺寸:干管总长度、各分段长度、支管间距、支管各段构造长度、干管与支管的标高,以及它们与墙面或柱面的相对距离等,作为加工及安装的依据。

通风空调管道及设备的安装是把组成系统的所有构件(包括风管、部配件、设备和器具等),按设计要求在建筑物中组合连接成系统的过程。加工和安装可以在施工现场联合进行,全部由现场的工人小组来承担。这种形式适用于机械化程度不高的地区及规模较小的工程中,多半是手工操作和使用一些小型轻便的施工机械。在工程规模大、安装要求高的情况下,采用加工和安装分工的方式进行。加工件在专门的加工厂或预制厂集中制作后运到施工地点,然后由现场的安装队来完成安装任务。这种组织形式要求安装企业有严密的技术管理组织和机械化程度比较高的后方基地,如加工厂、预制厂等。有时为了减少加工件、成品和半成品的运输量,避免运到施工现场后再装卸和大批堆放过程中造成的变形、损坏,也可根据条件和需要在施工区域内设临时加工场。显而易见,合理的组织形式对提高工程质量、提高劳动生产率、提高企业管理水平和施工技术水平都是有利的。

本章首先介绍通风空调系统施工图的识读方法,然后讲述通风空调管道及设备的安装方法。通过讲解和小组实践,使学生了解并掌握通风空调施工图的识读方法和通风空调管道及设备的安装方法,具备建筑环境与能源系统中通风空调管道及设备的劳动实践能力和通风空调实际工程的美学鉴赏能力;培养学生动手实践、问题处理和施工组织管理的能力,以及尊重规范和图纸、遵守操作规程和符合质量标准的意识;让学生明白分工与合作的重要性,培养合作共赢意识、职业意识和爱岗敬业的职业素质,锤炼保证整个工程达到"全优工程"的工匠精神。

5.1 通风空调系统施工图的识读

通风空调系统施工图一般由两大部分组成:文字部分与图纸部分。文字部分包括图纸目录、设计施工说明、设备及主要材料表。图纸部分包括两大部分:基本图和详图。基本图包括通风空调系统的平面图、剖面图、轴测图、原理图等;详图包括系统中某局部或部件的放大图、加工图、施工图等。如果详图中采用了标准图或其他工程图纸,那么在图纸目录中必须附有说明。

通风空调系统施工图作为专业图纸,有着自身的特点,了解这些特点,有助于对施工图的认识与理解,使施工图的识读变得更容易。通风空调系统施工图的特点主要体现在以下几个方面。

第一,图例。

通风空调系统施工图上的图形不能反映实物的具体形象与结构,它采用了国家统一规定的图例来表示。阅读前,应首先了解并掌握与图纸有关的图例符号所代表的含义。

第二,风管系统与水管系统的独立性

通风空调施工图中,风管系统与水管系统(包括冷冻水、冷却水系统)按照它们的实际情况出现在同一张平、剖面图中,但是在实际运行中,风系统与水系统具有相对独立性。因此在阅读施工图时,首先将风系统与水系统分开阅读,然后再综合起来。

第三,风管系统与水管系统的完整性

通风空调系统,无论是风管系统,还是水管系统,一般都以环路形式出现,这就说明风、水管系统总是有一定来源,并按一定方向,通过干管、支管,最后与具体设备相接,多数情况下又将回到它们的来处,形成一个完整的系统。

冷媒管道系统可写成如图 5-1 所示的环路。

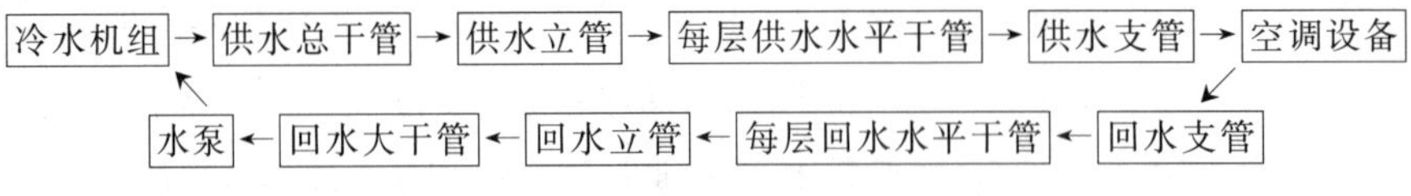

图 5-1 冷媒管道系统

可见,系统形成了一个循环往复的完整环路。我们可以从冷水机组开始阅读,也可以从空调设备处开始,直至经过完整的环路又回到起点。

风管系统同样可以写出如图 5-2 所示的环路。

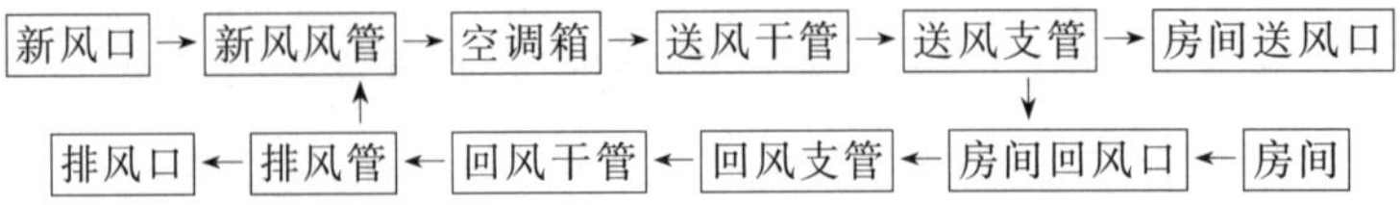

图 5-2 风管系统

对于风管系统,可以从空调箱处开始阅读,逆风流动方向看到新风口,顺风流动方向看至房间,再至回风干管、空调箱。再看回风干管到排风管、排风口这一支路。也可以从房间处看起,研究风的来源与去向。

第四,通风空调系统的复杂性

通风空调系统中的主要设备,如冷水机组、空调箱、冷却塔等的安装位置由土建决定。这使得风管系统与水管系统在空间的走向往往纵横交错。为了表达清楚,通风空调系统施工图中除了大量的平面图、立面图,还包括许多剖面图、轴测图、原理图等,读图时要注意结合起来。

第五,与土建施工的密切性

通风空调系统中的设备、风管、水管及许多配件的安装都需要土建的建筑结构配合支持。因此,在阅读施工图时,应配合土建图样理解,并及时与土建协商或提出要求。

5.1.1　通风空调系统施工图的表示方法

1.线型及比例

在通风空调系统施工图中,常用的线型及其主要用途见表 5-1 所示。

表 5-1　通风空调系统施工图常用线型及其主要用途

名称		线型	线宽	主要用途
实线	粗	——————	b	单线表示的供水管线
	中粗	——————	$0.7b$	本专业设备轮廓、双线表示的管道轮廓
实线	中	——————	$0.5b$	尺寸、标高、角度等标注线及引出线,建筑物轮廓
	细	——————	$0.25b$	建筑布置的家具、绿化等,非本专业设备轮廓
虚线	粗	– – – – – –	b	回水管线及单根表示的客道被遮挡的部分
	中粗	– – – – – –	$0.7b$	本专业设备及双线表示的管道被遮挡的轮廓
	中	– – – – – –	$0.5b$	地下管沟、改造前风管的轮廓线,示意性连线
	细	– – – – – –	$0.25b$	非本专业虚线表示的设备轮廓等
波浪线	中	～～～～	$0.5b$	单线表示的软管
	细	～～～～	$0.25b$	断开界线
单点长画线		—·—·—	$0.25b$	轴线、中心线
双点长画线		—··—··—	$0.25b$	假想或工艺设备轮廓线
折断线		——∿——	$0.25b$	断开界线

在通风空调工程施工图中,总平面图、平面图的比例宜与工程项目设计的主导专业一致,其余可按表 5-2 选用。

表 5-2　通风空调系统施工图常用比例

图名	常用比例	可用比例
剖面图	1∶50、1∶100	1∶150、1∶200
局部放大图、管沟断面图	1∶20、1∶50、1∶100	1;25、1∶30、1∶150、1∶200
索引图、详图	1∶1、1∶2、1∶5、1∶10、1∶20	1∶3、1∶4、1∶15

2.风管尺寸及标高

平、剖面图中应注出设备、管道中心线与建筑定位轴线间的间距尺寸。圆形风管的截面定型尺寸应以直径符号"∅"后跟以 mm 为单位的数值表示,以板材制作的圆形风管均指内径。矩形风管的截面定型尺寸应以"$A \times B$"表示,单位 mm。A 为该视图投影面的边长尺寸,B 为另一边长尺寸。在通风空调工程平面图中,常以 B 表示风管高度。风管管径或断面尺寸宜标注于风管上或风管法兰处延长的细实线上方,一般水平风管宜标注在风管上方,竖直风管宜在左方,双线风管可视具体情况标注于风管轮廓线内或轮廓线外。

标高未予说明时,圆形风管所注标高表示管中心标高,矩形风管所注标高表示管底标高。单线风管标高其尖端可指向被注风管线上或延长引出线上。当平面图中要求标注风管标高时,标高标注可在风管截面尺寸标注后的括号内,如"∅500(+4.00)""$800 \times 400(+4.00)$"。风管尺寸及标高标注如图 5-3 所示。

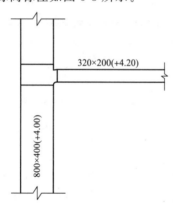

图 5-3　风管尺寸与标高的注法

3.风管代号及系统代号

风管因用途不同,空调工程图中常用表 5-3 所列代号区分标注。目前在许多设计单位的代号取自英文名称的首个字母。

表 5-3　风管代号

代号	风管名称
K	空调风管
S	送风管
X	新风管
H	回风管
P	排风管
PY	排烟管或排风、排烟共用烟道

对于一个建筑设备工程图中同时有采暖、通风、空调等两个以上的系统时,应对系统编号,不同系统采用表 5-4 所列代号表示。表中未涉及的系统代号可取系统汉语名称拼音的首个字母,如与表中已有代号重复,应继续选取第 2、3 个字母,最多不超过 3 个字母。对相同系统采用阿拉伯数字进行编号,编号宜标注在系统的总管处。对于竖向布置的垂直管道系统,应标注立管号,如图 5-3 所示,在不致引起误解时,可只标注序号,但应与建筑轴线编号有明显区别。

表 5-4 系统代号

代号	系统名称	代号	系统名称	代号	系统名称	代号	系统名称
N	采暖系统	T	通风系统	X	新风系统	PY	排烟系统
L	制冷系统	J	净化系统	H	回风系统	RS	人防送风系统
R	热力系统	C	除尘系统	P	排风系统	RP	人防排风系统
K	空调系统	S	送风系统	JS	加压送风系统	P(Y)	排风兼烟系统

5.1.2 通风空调系统施工图的识读

通风空调系统施工图的识图一般方法与步骤如下。

1. 阅读图纸目录

根据图纸目录了解该工程图纸的概况,包括图纸张数、图幅大小及名称、编号等信息,并根据图纸目录查清图纸是否齐全。

2. 阅读施工说明

根据施工说明了解该工程概况,包括空调系统的形式、划分及主要设备布置等信息。在此基础上,确定哪些图纸是代表着该工程的特点,是这些图纸中的典型或重要部分,图纸的阅读就从这些重要图纸开始。

3. 阅读有代表性的图纸

在第二步中确定了代表该工程特点的图纸,现在就根据图纸目录,确定这些图纸的编号并找出这些图纸进行阅读。在通风空调系统施工图中,有代表性的图纸基本上都是反映空调系统布置、空调机房布置、冷冻机房布置的平面图,因此通风空调系统施工图的阅读基本上是从平面图开始的。先是总平面图,然后是其他的平面图。

4. 阅读辅助性图纸

对于平面图上没有表达清楚的地方,就要根据平面图上的提示(如剖面位置)和图纸目录找出该平面图的辅助图纸进行阅读,如立面图、侧立面图、剖面图等辅助图。对于整个系统可参考系统轴测图。

5. 阅读其他内容

在读懂整个通风空调系统的前提下,再进一步阅读施工说明与设备及主要材料表,了解通风空调系统的详细安装情况,同时参考加工、安装详图,从而完全掌握图纸的全部内容。

对于初次接触通风空调系统施工图的读者,识图的难点在于如何区分送风管与回风管、供水管与回水管。对于风系统,送风管与回风管的识别在于:以房间为界,送风管一般将送风口在房间内均匀布置,管路复杂,回风管一般集中布置,管路相对简单些;还可从送风口、回风口上区别,送风口一般为双层百叶、方形(圆形)散流器、条缝送风口等,回风口一般为单层百叶、单层格栅,较大。有的图中还标示出送、回风口气流方向,则更便于区分。另外,回风管一般与新风管(通过设于外墙或新风井的新风口)相接,然后一起混合被空调箱吸入,经空调箱处理后送至送风管。供水管与回水管的区分在于:一般而言,回水管与水泵相连,水经过水泵打至冷水机组,经冷水机组冷却后送至供水管;有一点至为重要,即回水管基本上与膨胀水箱的膨胀管相连;另外,空调施工图基本上用粗实线表示供水管,用粗虚线表示回水管,这就更便于读者区别。

5.1.3 通风空调系统施工图的识读举例

1.某大厦多功能厅空调系统施工图

如图 5-4 所示为多功能厅空调系统平面图,如图 5-5 所示为其剖面图。从图 5-4、图 5-5 可以看出,空调箱设在机房内。有了这个大致印象,就可以开始识图了。

我们在这里仅识读风管系统。首先,我们从空调机房开始,空调机房 C 轴外墙上有一带调节阀的风管(630×1000),这是新风管,空调系统由此新风管从室外吸入新鲜空气。在空调机房②轴内墙上,有一消声器 4,这是回风管。室内大部分空气由此消声器吸入回到空调机房。空调机房内有一空调箱 1,该空调箱从剖面图可看出,在其侧面下部有一不接风管的进风口(很短,仅 50～100 mm),新风与回风在空调机房内混合后就被空调箱由此进风口吸入,经冷(热)处理,由空调箱顶部的出风口送至送风干管。首先,送风经过防火阀,然后经过消声器 2,流入送风管 1250×500,在这里分出第 1 个分支管 800×500;再往前流,经过管道 800×500,又分出第 2 个分支管 800×250;继续往前流,即流向第 3 个分支管 800×250,在第 3 个分支管上有 240×240 方形散流器 3,共 6 只,送风便通过这些方形散流器送入多功能厅;然后,大部分回风经消声器 2 回到空调机房,与新风混合被吸入空调箱 1 的进风口,完成一次循环。另一小部分室内空气经门窗缝隙渗到室外。

从 A-A 剖面图可以看出,房间层高为 6 m,吊顶离地面高度为 3.5 m,风管暗装在吊顶内,送风口直接开在吊顶面上,风管底标高分别为 4.25 m 和 4 m。气流组织为上送下回。

从 B-B 剖面图上可以看出,送风管通过软接头直接从空调箱上部接出,沿气流方向高度不断减小,从 500 变成了 250。从该剖面图上也可以看到,3 个送风支管在这根总管上的接口位置,图上用 标出,支管大小分别为 500×800、250×800、250×800。

将平面图、剖面图对照起来看,我们就可清楚地了解到这个带有新、回风的空调系统的情况,首先是多功能厅的空气从地面附近通过消声器 4 被吸入空调机房。同时新风也从室外被吸入空调机房,新风与回风混合后从空调箱进风口吸入空调箱内,经空调箱冷

(热)处理后经送风管道送至多功能厅送风方形散流器风口,空气便送入了多功能厅。这显然是一个一次回风的全空气风系统。至此,风系统识图完成。

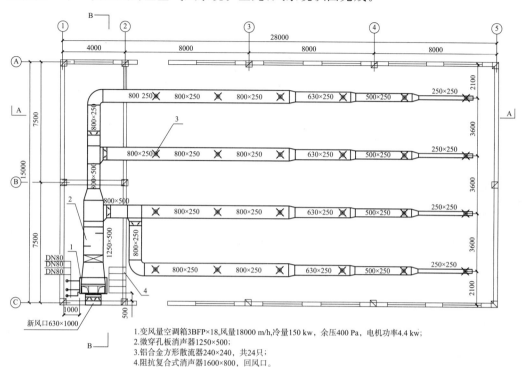

1.变风量空调箱3BFP×18,风量18000 m/h,冷量150 kw,余压400 Pa,电机功率4.4 kw;
2.微穿孔板消声器1250×500;
3.铝合金方形散流器240×240,共24只;
4.阻抗复合式消声器1600×800,回风口。

图 5-4　多功能厅空调系统平面图 1∶150

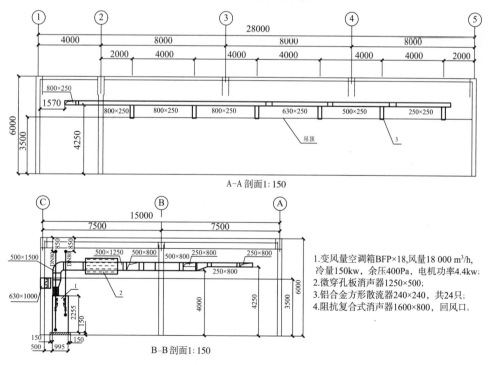

A–A 剖面1∶150

B–B 剖面1∶150

1.变风量空调箱BFP×18,风量18 000 m³/h,冷量150kw,余压400Pa,电机功率4.4kw;
2.微穿孔板消声器1250×500;
3.铝合金方形散流器240×240,共24只;
4.阻抗复合式消声器1600×800,回风口。

图 5-5　多功能厅空调系统平面图 1∶150

2.某饭店空气调节管道布置图

一些饭店建筑对客房的空气调节采用风机盘管为末端冷热交换设备,只要用直径较小的水管送入冷水或热水,即可起到降温或升温的作用。另外,在建筑物每层设置(或几层合设)独立的新风管道系统,把采用体积较小的变风量空调箱处理过的空气用小截面管道送入房间作为补充的新风。这样。在建筑内同时就存在用于空气调节的水管和风管两种管道系统。这在空调中称为空气-水系统。因此,当一个平面图中不能清晰地表达两种管道系统时,则应分别画成两个平面图。

如图 5-6 所示为某饭店顶层客房采用风机盘管作为末端空调设备的新风系统布置图。风机盘管只能使室内空气进行热交换循环作用,故需补充一定量的新鲜空气。本系统的新风进口设在下层一个能使室外空气进入的房间内,是与下层房间的系统共用的。它主要在管道起始处装一个变风量空调器(如图 5-8 所示的新风系统轴测图)。这个变风量空调箱外形为矩形箱体,进风口处有过滤网,箱内有热交换器和通风机,空气经处理后即送入管道系统。从图 5-6 可见,本层风管系自建筑右后角的房间接来,风管截面为1000 mm×140 mm,到达本层中间走廊口分为 2 支截面为 500 mm×140 mm 的干管沿走廊并行装设,后面的一支干管转弯后截面变小为 500 mm×120 mm;由干管再分出一些截面为 160 mm×120 mm 的支风管把空气送入客房。图 5-6 中所示房间的风机盘管除前面房间有立式明装外,其余都是卧式暗装,多数装在客房进门走道的顶棚上,并在出口加接一段风管,使空气直接送入房内。有两套较大客房(编号 C 和 D)内各加装了卧式风机盘管一个,加接的风管由干管上部接出,经过一段水平管之后向下弯曲,使出风口朝下,这与其他客房不同。

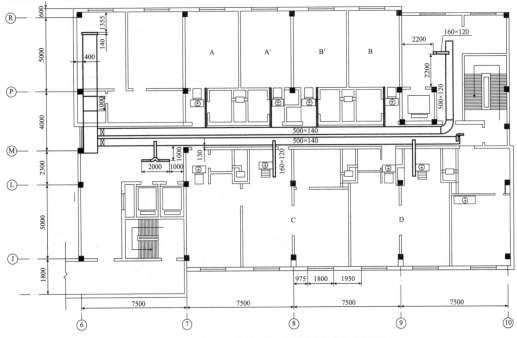

图 5-6　某饭店顶层客房风机盘管新风系统布置图

图 5-7 为该客房层风机盘管水管系统布置平面图。供水及回水干管都自建筑右后部位楼梯旁专设的垂直管道井中的垂直干管接来,水平供水干管沿走廊装设并分出许多 DN15 的支管向风机盘管供水。由盘管出来的回水用 DN15 的支管接到水平回水干管,再接到垂直干管回流到制冷机房,经冷(热)处理后再次利用。该层右前面的房间内有一个明装的立式风机盘管,它的供、回水支管的布置较特别,其他各支管与干管的连接情形都是一样的。此外,在 C 号客房中也有一个明装立式风机盘管,它的供、回水是由下一层的水管系统接来的,故图中未画出水管。水平干管的末端装有 PZ-T 型自动排气阀,以便把供、回水管中的气体排出。另外,在盘管的降温过程中,产生由空气中析出的凝结水,先集中到盘管下方的一个水盘内,再由接在水盘的 DN15 凝结水管(用细点画线画出)接往附近的下水管。若附近无下水道,则专设垂直管道将凝结水接往建筑底层,汇合后通往下水道。

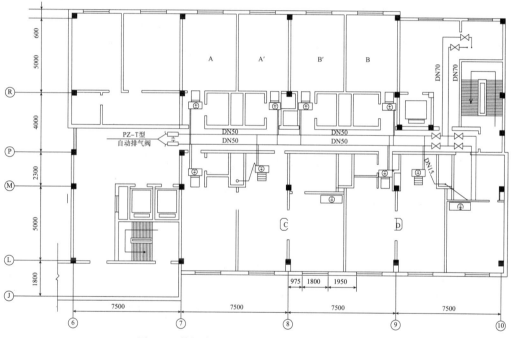

图 5-7　某饭店顶层客房风机盘管水系统布置图

图 5-8 为图 5-6 所示新风系统的轴测图(部分)。为了表示新风进口的情形,加画出原设在下一层的进风口和一段新风总管。装设在送风静压箱下面的变风量空调箱,其型号中的字母 BFP 表示变风量空调箱,X5 表示新风量 5000 m^3/h,L 表示立式(出风口在上方),第一个 Z 表示进、回水管在箱体左面进出,第二个 Z 表示过滤网框可从左面抽出。变风量是由三相调压器改变电压而使风机转速改变达到的。新风管上标注各管道截面,还标出各部位标高,但这些标高是从本层楼面起算的,这样标注较为简单。

图 5-9 为图 5-7 所示水管系统的轴测图(部分),图中表达了这个水管系统的概貌,看图可一目了然。

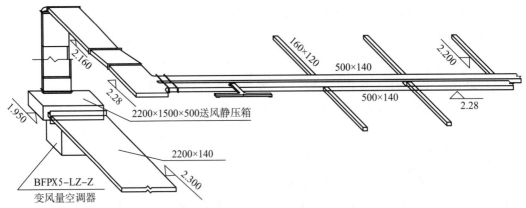

图 5-8　某饭店顶层客房风机盘管新风系统轴测图

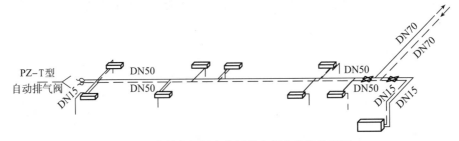

图 5-9　某饭店顶层客房风机盘管水系统轴测图

5.2　通风空调管道的安装

通风空调管道及设备的安装工艺流程如图 5-10 所示。

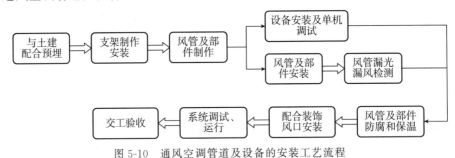

图 5-10　通风空调管道及设备的安装工艺流程

5.2.1　安装前的准备工作

1.材料要求及主要机具

(1)各种安装材料产品应具有出厂合格证明书或质量鉴定文件及产品清单。风管成品不许有变形、扭曲、开裂、孔洞、法兰脱落、法兰开焊、漏铆、漏打螺栓眼等缺陷;安装的阀体、消声器、罩体、风口等部件应检查调节装置是否灵活,消声片、油漆层有无损伤。

（2）准备材料：螺栓、螺母、垫圈、垫料、自攻螺丝、铆钉、拉铆钉、电焊条、气焊条、焊丝、不锈钢焊丝、石棉布、帆布、膨胀螺栓等，都应符合产品质量要求。

（3）主要机具：手锤、电锤、手电钻、手锯、电动双刃剪、电动砂轮锯、角向砂轮锯、台钻、电气焊具、扳手、改锥、木锤、拍板、手剪、倒链、高凳、滑轮绳索、尖冲、錾子、射钉枪、刷子、安全帽、安全带等。

2. 作业条件

（1）一般送排风系统和空调系统的安装，要在建筑物围护结构施工完、安装部位的障碍物已清理、地面无杂物的条件下进行。

（2）对空气洁净系统的安装，应在建筑物内部安装部位的地面做好、墙面已抹灰完毕、室内无灰尘飞扬或有防尘措施的条件下进行。

（3）一般除尘系统风管安装，宜在厂房的工艺设备安装完或设备基础已确定，设备的连接管、罩体方位已知的情况下进行。

（4）检查现场结构预留孔洞的位置、尺寸是否符合图纸要求，有无遗漏现象，预留的孔洞应比风管实际截面每边尺寸大 100 mm。

（5）作业地点要有相应的辅助设施，如梯子、架子、电源和安全防护装置、消防器材等。

（6）风管安装应有设计的图纸及大样图，并有施工员的技术、质量、安全交底。

5.2.2　施工安装的程序

根据建筑物内风管系统的布置情况，可分别采用整体吊装和分段吊装的方法。一般可先在地面上将风管连接成 11 m 左右的一段后再进行吊装，然后按干、支立管的顺序进行组装。

1. 确定标高

按照设计图纸并参照土建基准确定风管的标高位置并放线。

2. 支架（holder）和吊架（hanging bracket）的制作

标高确定以后，按照风管系统所在的空间位置确定风管支、吊架形式。风管的支、吊架要严格按照《采暖通风设计选用手册》的用料规格和作法制做。

（1）风管支、吊架的制作应注意的问题

①支架的悬臂、吊架的吊铁采用角钢或槽钢制成，斜撑的材料为角钢，吊杆采用圆钢，抱箍用扁铁来制作。②支、吊架在制作前，首先要对型钢进行矫正，矫正的方法分冷矫正和热矫正两种。小型钢材一般采用冷矫正。较大的型钢须加热到 900 ℃左右后进行热矫正。矫正的顺序应该先矫正扭曲、后矫正弯曲。③钢材切断和打孔，不应使用氧气-乙炔切割。抱箍的圆弧应与风管圆弧一致。支架的焊缝必须饱满，保证具有足够的承

载能力。④吊杆圆钢应根据风管安装标高适当截取。套丝不宜过长,丝扣末端不应超出托盘最低点。挂钩应煨成如图5-11所示的形式。⑤风管支、吊架制作完毕后,应进行除锈,刷一遍防锈漆。⑥用于不锈钢、铝板风管的支架,抱箍应按设计要求做好防腐绝缘处理,防止电化学腐蚀。

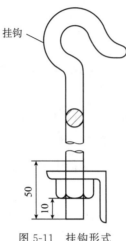

图 5-11　挂钩形式

3.风管吊点的设置

风管吊点根据吊架形式设置,有预埋件法、膨胀螺栓法、射钉枪法等。

(1)预埋件法:分为前期预埋和后期预埋两种形式。

①前期预埋:一般由预留人员将预埋件按图纸坐标位置和支、吊架间距,牢固固定在土建结构钢筋上,然后浇灌混凝土。

②后期预埋:一般在砖墙上埋设支架,在楼板下埋设吊件。

a.在砖墙上埋设支架:根据风管的标高算出支架型钢上表面离地距离,找到正确的安装位置,打出80 mm×80 mm的方洞。洞的内外大小应一致,深度比支架埋进墙的深度大30 mm左右。打好洞后,用水把墙洞浇湿,并冲出洞内的砖屑。然后在墙洞内先填塞一部分1∶2水泥砂浆,把支架埋入,埋入深度一般为150~200 mm。用水平尺校平支架,调整埋入深度,继续填塞砂浆,适当填塞一些浸过水的石块和碎砖,便于固定支架。填入水泥砂浆时,应稍低于墙面,以便土建工种进行墙面装修。

b.在楼板下埋设吊件:首先确定吊卡位置,然后用冲击钻在楼板上打一透眼,然后在地面凿一个长300 mm、深20 mm的槽,如图5-12所示。将吊件嵌入槽中,用水泥砂浆将槽填平。

(2)膨胀螺栓法:适用于土建基本完成或旧楼房的风管安装。其特点是施工灵活、准确、快速。但选择膨胀螺栓时要考虑风管的规格、重量。在楼板上用电锤打一个同膨胀螺栓的胀管外径一致的洞,将膨胀螺栓塞进孔中,并把胀管打入,使螺栓紧固。

(3)射钉枪法,如图5-13所示:用于周边小于800 mm的风管支管的安装。其特点同膨胀螺栓,使用时应特别注意安全,不同材质的墙体要选用不同的弹药量。

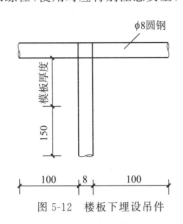

图 5-12　楼板下埋设吊件

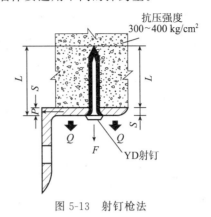

图 5-13　射钉枪法

4.支架和吊架的安装

(1)安装支架、吊架、立管管卡

①安装支架。支架的安装以风管的标高为准。圆形风管以中心标高为依据;矩形风管以外底标高为依据,向下返尺至支架角钢面上。在柱子预埋铁件上、墙上的预留孔洞上,以及距风管两端最近的支架位置上做出安装标记。按角钢伸出柱子(或墙)的距离画线,先用点焊焊住。经复查标高准确无误,可将角钢焊于预埋件上(或用抱箍固定在柱子上),然后在两端角钢面上拉线确定中间支架的标高。托架插入墙内的一端必须劈叉。当风管较长时,需要安装很多支架时,可先把两端的安好,然后以两端的支架为基准,用拉线法确定中间各支架的标高进行安装。

②安装吊架。风管敷设在楼板、屋面、屋架及梁下面且离墙较远时,一般采用吊架来固定风管。安装吊架时以风管中心线为准。单吊杆位于风管中心线上,双吊杆按托板螺孔间距或风管中心线对称安装。圆形风管与托板间垫木块,以防止变形。矩形风管下垫隔热材料,为防止产生“冷桥”,吊杆不许固定在法兰上。

③安装立管管卡。先把最上面的一个管件固定住,再吊线坠找正,以下管卡顺线固定。

(2)支、吊架安装应注意的问题

①采用吊架的风管,当管路较长时,应在适当的位置增设防止管道摆动的支架。②支、吊架的标高必须正确,如圆形风管管径由大变小,为保证风管中心线的水平,支架型钢上表面标高,应做相应提高。对于有坡度要求的风管,支架的标高也应按风管的坡度要求安装。③风管支、吊架间距如无设计要求时,对于不保温风管应符合表 5-5 所列的要求。对于保温风管支、吊架间距无设计要求的,按表 5-5 所列的间距要求值乘以 0.85。螺旋风管的支、吊架间距可适当增大。④支、吊架的预埋件或膨胀螺栓埋入部分不得有漆,并应除去油污。⑤支、吊架不得安装在风口、阀门、检查孔处,以免妨碍操作。吊架不得直接吊在法兰上。⑥圆形风管与支架接触的地方垫木块,否则会使风管变形。保温风

管的垫块厚度应与保温层的厚度相同。⑦矩形保温风管的支、吊装置宜放在保温层外部,但不得损坏保温层。⑧矩形保温风管不能直接与支、吊托架接触,应垫上坚固的隔热材料,其厚度与保温层相同,防止产生"冷桥"。

表 5-5　不保温风管支、吊架间距

圆形风管直径或矩形风管长边尺寸/mm	水平风管间距/m	垂直风管间距/m	最少吊架数/台
≤400	≤4	≤4	2
≤1000	≤3	≤3.5	2
>1000	≤2	≤2	2

5.风管的安装

根据安装草图上系统编号,按顺序进行安装,先干管后支管,垂直风管一般从下向上安装。按已预制好的风管上、管件上的编号,运至安装现场,并将风管及部件内外清理干净,再将其进行排列、组合、连接。连接长度按吊装机具和风管直径决定,一般在 10～12 m。在排尺中,风管与配件的可拆卸接口及调节机构不能装设在墙或楼板内。

(1)风管无法兰的连接

风管无法兰连接时,接口处应严密、牢固,矩形风管四角必须有定位及密封措施,风管连接的两平面应平直,不得错位或扭曲。风管无法兰连接的特点:节省法兰连接用材料;减少安装工作量;加工工艺简单;管道重量轻,可适当增大支架间距以减少支架。以下为几种无法兰连接的安装形式。

①抱箍式连接:主要用于钢板圆风管和螺旋风管的连接。如图 5-14 所示,先把每一管段的两端轧制出鼓筋,并使其一端缩为小口;安装时按气流方向把小口插入大口,外面用钢制抱箍将两个管端的鼓用抱箍连接;最后用螺栓穿在抱箍的耳环中固定拧紧。

②插接式连接:主要用于矩形或圆形风管连接。先制作连接管,然后插入两侧风管,再用自攻螺丝或拉铆钉将其紧密固定,如图 5-15 所示。

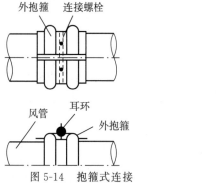

图 5-14　抱箍式连接

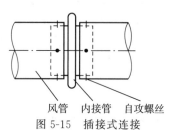

图 5-15　插接式连接

③插条式连接:主要用于矩形风管连接。将不同形式的插条插入风管两端,然后压实。其形状和接管方法如图 5-16 所示。如图 5-16(a)所示为平插条,其又可分有折耳与无折耳插条两类,风管的端部也需折边 180°,然后将平插条插入风管的两端折边缝中,并

把插条折耳在角边复折。适用于长边小于 460 mm 的风管连接。如图 5-16(b)所示为立式插条,安装方法与平插条相同,适用于长边为 500～1000 mm 的风管。如图 5-16(c)所示为角式插条,在立边上用铆钉加固,适用于长边≥1000 mm 的风管。如图 5-16(d)所示为平 S 形插条,采用这种插条连接的风管端部不需折边,可直接将两段风管对插入插条的上、下缝中,适用于长边≤760 mm 的风管。如图 5-16(e)所示为立 S 形插条,用这种插条连接时,一端风管需向外翻边 90°,先将立 S 形插条安装上,另一端直接插入平缝中,可用于边长较大的风管上。

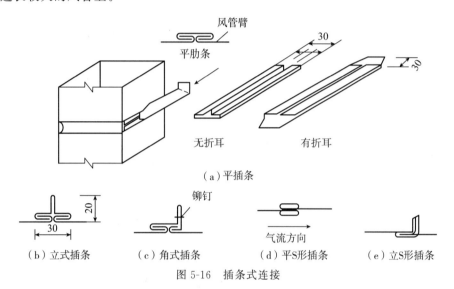

图 5-16　插条式连接

④软管式连接:主要用于风管及其部件(如通风机、静压箱、空调器等)的连接安装。将软管套在连接的管外,再用特制管卡把软管箍紧,如图 5-17 所示。软管连接给安装工作带来很大方便,尤其在安装空间狭窄,预留位置难以准确的情况下,有利于密切配合土建工程加快施工进度。这种连接方法适用于暗设部位,系统运行时阻力较大。

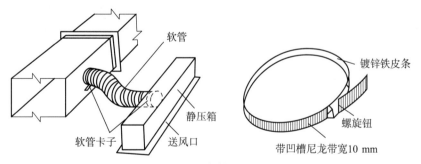

图 5-17　软管式连接

(2)风管法兰的连接

风管与风管、风管与配件及部件之间的组合连接采用法兰连接,安装及拆卸都比较方便,有利于加快安装速度及维护修理。风管或配件与法兰的装配可用翻边法、翻边铆接法和焊接法。

法兰连接时,加上垫片,把两个法兰先对正,穿上几条螺栓,并戴上螺母,暂时不要上紧,然后用尖冲塞进穿不上螺栓的螺孔中,把两个螺孔拨正,直到所有螺栓都穿上后再把螺栓拧紧。为了避免螺栓滑扣,紧螺栓时应按十字交叉逐步均匀地拧紧。连接好的风管,应以两端法兰为准,拉线检查风管连接是否平直。

法兰连接应注意的问题:①法兰如有破损(开焊、变形等)应及时更换、修理;②连接法兰的螺母应在同一侧;③一副法兰之间不可垫双垫或多垫;④不锈钢风管法兰连接的螺栓,宜用同材质的不锈钢制成,如用普通碳素钢,应按设计要求喷涂涂料;⑤铝板风管法兰连接应采用镀锌螺栓,并在法兰两侧垫镀锌垫圈;⑥聚氯乙烯风管法兰连接,应采用镀锌螺栓或增强尼龙螺栓,螺栓与法兰接触处应加镀锌垫圈;⑦玻璃钢风管连接法兰的螺栓,两侧应加镀锌垫圈;⑧为保证法兰接口的严密性,法兰之间应有垫料。在无特殊要求情况下,法兰垫料可根据表 5-6 所列要求选用。

表 5-6　法兰垫料选用表

应用系统	输送介质	垫料材质及厚度(直径)/mm		
一般空调系统及送、排风系统	温度低于 70 ℃的洁净空气或含尘含湿气体	8501 密封胶带	软橡胶板	闭空海绵橡胶板
		3	2.5～3	4～5
高温系统	温度高于 70 ℃的空气或烟气	石棉绳	石棉橡胶板	—
		Ø8	3	—
化工系统	含有腐蚀性介质的气体	耐酸橡胶板	软聚氯乙烯板	—
		2.5～3	2.5～3	—
洁净系统	有净化等级要求的系数	橡胶板	闭孔海绵橡胶板	—
		5	5	—
塑料风边	含腐蚀性气体	软聚氯乙烯板 3～6	—	—

法兰加垫料时应注意的问题:①了解各种垫料的使用范围,避免用错垫料;②去除法兰表面的油污、铁锈等杂物;③法兰垫料内径不能小于管子内径,以免增大流动阻力和增加管内集垢;④空气洁净系统严禁使用石棉绳等易产生粉尘的材料;⑤法兰垫料应尽量减少接头,接头应采用梯形或楔形连接,如图 5-18 所示,并涂胶粘牢;⑥法兰连接后严禁往法兰缝隙填塞垫料。

图 5-18　梯形或楔形连接

组合法兰是一种新型的风管连接件,它适用于通风空调系统中矩形风管的组合连接。组合法兰由法兰组件和连接扁角钢(法兰镶角)两部分组成。法兰组件用厚度 $\delta \geqslant$ 0.75～1.2 mm 的镀锌钢板,通过模具压制而成,其长度可根据风管的边长而定,如图 5-19 所示。连接扁角钢用厚度 δ2.8～4.0 mm 的钢板冲压制成,如图 5-20 所示。

　　风管组合连接时,将 4 个扁角钢分别插入法兰组件的两端,组成一个方形法兰,再将风管从法兰组件的开口处插入,并用铆钉铆住,即可将两风管组装在一起,如图 5-21 所示。

　　安装时两风管之间的法兰对接,四角用 4 个 M12 螺栓紧固,法兰间垫一层闭孔海绵橡胶做垫料,厚度为 3～5 mm,宽度为 20 mm,如图 5-22 所示。

　　与角钢法兰相比,组合式法兰式样新颖,轻巧美观,节省型钢,安装简便,施工速度快。对墙或靠顶敷设的风管可不必多留安装空隙。

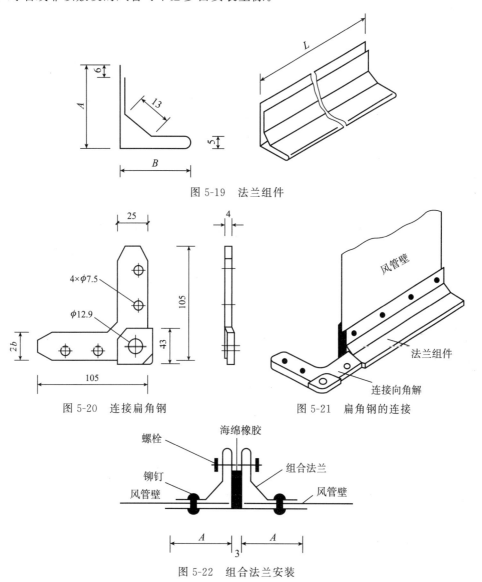

图 5-19　法兰组件

图 5-20　连接扁角钢

图 5-21　扁角钢的连接

图 5-22　组合法兰安装

（3）风管的安装

　　风管安装时,根据施工现场情况,可以在地面连成一定的长度,然后采用吊装的方法就位;也可以把风管一节一节地放在支架上逐节连接。一般安装顺序是先干管后支管。具体安装方式及机具参照表 5-7 和表 5-8 所列。

表 5-7　水平管安装方式

建筑物		主风管		支风管	
		安装方式	安装机具	安装方式	安装机具
(单层)厂房、礼堂、剧场、	风管标高≤3.5 m	整体吊装	升降机、倒链	分节吊装	升降机、高凳
(多层)厂房、建筑	风管标高>3.5 m	分节吊装	升降机、脚手架	分节吊装	升降机、脚手架
走廊风管		整体吊装	升降机、倒链	分节吊装	升降机、高凳
穿墙风管		分节吊装	升降机、高凳	分节吊装	升降机、高凳

表 5-8　立风管安装方式

建筑物	室内		室外	
	安装方式	安装机具	安装方式	安装机具
风管标高≤3.5 m	分节吊装	滑轮、高凳	分节吊装	滑轮、脚手架
风管标高>3.5 m		滑轮、脚手架		

风管吊装步骤:①首先应根据现场具体情况,在梁柱上选择两个可靠的吊点,然后挂好倒链或滑轮。②用麻绳将风管捆绑结实。塑料风管如需整体吊装时,绳索不得直接捆绑在风管上,应用长木板托住风管的底部,四周应有软性材料做垫层,方可起吊。③起吊时,当风管离地 200～300 mm 时,应停止起吊,仔细检查倒链式滑轮受力点和捆绑风管的绳索,绳扣是否牢靠,风管的重心是否正确。没问题后,再继续起吊。④风管放在支、吊架后,将所有托盘和吊杆连接好,确认风管稳固好,才可以解开绳扣。

风管分节安装:对于不便悬挂滑轮或因受场地限制不能进行吊装时,可将风管分节用绳索拉到脚手架上,然后抬到支架上对正法兰逐节安装。

风管安装时应注意的安全问题:①起吊时,严禁人员在被吊风管下方,风管上严禁站人。②应检查风管内、上表面有无重物,以防起吊时,坠物伤人。③对于较长风管,起吊速度应同步进行,首尾呼应,防止由于一头过高,中段风管法兰受力大而造成风管变形。④抬到支架上的风管应及时安装,不能放置太久。⑤对于暂时不安装的孔洞不要提前打开;暂停施工时,应加盖板,以防坠人坠物事故发生。⑥使用梯子不得缺挡,不得垫高使用。使用梯子的上端要扎牢,下端采取防滑措施。⑦送风支管与总管采用直管形式连接时,插管接口处应设导流装置。

(4)特殊风管的安装

①输送含有易燃、易爆气体或安装在易燃、易爆环境的风管系统应有接地,且尽量减少接口,在其通过生活及辅助间时不得设有接口。

②不锈钢和碳素钢支架间应垫非金属片或喷刷涂料。

③铝板风管安装时,支架、抱箍应镀锌,其风管采用角钢型法兰,翻边连接,法兰的连接采用镀锌螺栓,并在法兰两侧垫上镀锌垫圈。

④聚氯乙烯风管的安装基本同金属风管,但由于不同的机械性能和条件,安装时需做到以下几点:由于其自身重量及受热、老化,其支架间距一般为 2～3 m,一般采用吊架;支架数据见表 5-9 所列;尽量加大风管与支、吊、托架的接触面,接触处垫 3～5 mm 的塑料垫片;支架抱箍不能过紧,以便伸缩;安装时远离热设备;风管上所用金属材料应防腐;穿墙或楼板应设金属套管保护,做法如图 5-23(a)所示,穿屋顶做法如图 5-22(b)所示,且在图中 1 处加拉索,拉索数量不少于 3 根,长度大于 20 m 设伸缩节。

表 5-9　聚氯乙烯风管的支架

矩形风管的长边或圆形风管的直径/mm	承托角钢规格/mm	吊环螺旋直径/mm	支架最大间距/mm
≤500	30×30×4	8	3.0
510～1000	40×40×5	8	3.0
1010～1500	50×50×6	10	3.0
1510～2000	50×50×6	10	2.0
2010～3000	60×60×7	10	2.0

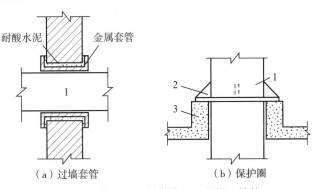

（a）过墙套管　　　　（b）保护圈

1—塑料风管;2—塑料支撑;3—混凝土结构。

图 5-23　塑料风管保护套管

⑤玻璃钢风管常用于纺织、印染等产生腐蚀性气体和大量水蒸气的排风系统中。玻璃钢风管和配件的壁厚应符合表 5-10 的规定,其法兰与风管或配件应成为一整体,并与风管轴线成直角。法兰平面的不平整度允许偏差不应大于 2 mm。因风管的变形,其法兰规格应符合表 5-11 的规定,螺栓间距按 60 mm 计。树脂不得有破裂、断落及分层,安装后不得扭曲,且应加大玻璃钢风管在支吊架上的受力接触面。

表 5-10　玻璃钢风管与配件的壁厚

圆形风管直径或矩形风管大边长/mm	壁厚/mm
≤200	1.0～1.5
250～400	1.5～2.0
500～630	2.0～2.5
800～1000	2.5～3.0
1250～2000	3.0～3.5

表 5-11　玻璃法兰规格

圆形风管外径或矩形风管大边长/mm	规格(宽/mm×厚/mm)	螺旋规格
≤400	30×4	M8×40
420～1000	40×6	M8×30
1060～2000	50×8	M10×35

5.3　通风空调部件的安装

在通风空调系统中部件与风管的连接,大多采用法兰,其连接要求和所用垫料与风管接口相同。常用部件有阀门、风口(vent)、风帽、吸排气罩等。

5.3.1　防火阀的制作与安装

随着高层建筑的发展,在高层建筑内的空调系统中,防火阀的设置显得越来越重要。当发生火灾时,它可切断气流,防止火灾蔓延。阀门的开启和关闭应有指示信号,且阀门关闭后还可打开与风机联锁的接点,使风机停止运转。因此,防火阀是空调系统重要的安全装置。

1. 防火阀的制作

通常防火阀的关闭方式是采用温感易熔片,当火灾发生时,气温升高达到熔断点,易熔片熔化断开,阀板自行关闭,将系统气流切断,如图 5-24 所示。防火阀制作时阀体板厚不应小于 2.0 mm,遇热后不能有显著变形,阀门轴承等可动部分必须用耐腐蚀材料制作,以免发生火灾时因锈蚀而动作失灵。防火阀制成后应做漏风试验。

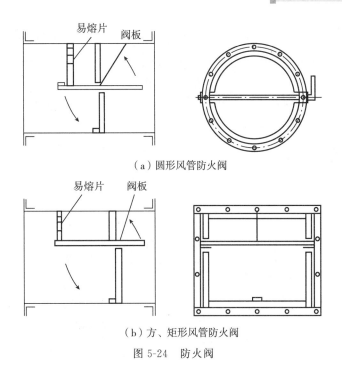

（a）圆形风管防火阀

（b）方、矩形风管防火阀

图 5-24　防火阀

2.防火阀的安装

防火阀的设置安装应符合下列规定：

(1)防火阀有水平安装、垂直和左式、右式之分,安装时不得随意改变;

(2)防火阀宜靠近防火分隔处设置;为使防火阀能自行严密关闭,防火阀关闭的方向应与通风和空调的管道内气流方向相一致;

(3)防火阀温度熔断器一定要安装在迎风面一侧;

(4)防火阀暗装时,应在安装部位设置方便维护的检修口,如图 5-25(a)所示;

(5)在防火阀两侧各 2.0 m 范围内的风管及其绝热材料应采用非燃烧材料;

(6)风管穿防火墙时,穿墙风管需用 $\delta \geqslant 2$ mm 厚钢板制作,风管外面用耐火的保温材料隔热,预留洞应比风管法兰大 30 mm,如图 5-25(a)所示;

(7)在穿越变形缝的两侧风管上,在该部位两侧风管上各设一个防火阀,主要为使防火阀在一定时间里达到耐火完整性和耐火稳定性要求,有效地起到隔烟阻火作用,要求穿墙风管与墙孔之间保持 50 mm 距离,并用柔性非燃烧材料填充密封,如图 5-25(b)所示;

(8)带手动复位装置的防火阀必须在安装后做模拟试验,检查其关闭性能;电接点远传信号应准确无误;模拟试验后一定要恢复常开状态。

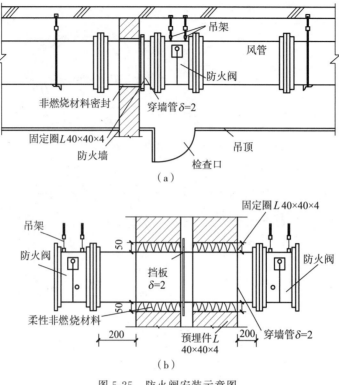

图 5-25　防火阀安装示意图

5.3.2　风管止回阀的安装

止回阀宜安装在风机的压出管段上,开启方向必须与气流方向一致。水平安装时,坠锤的位置是在侧面,不能在上面或下面。坠锤摆动的角度约有 45°,摆幅不够说明有卡阻或是坠锤配重有问题,应查明原因,加以纠正。

风管止回阀垂直安装时,气流只能由下向上。止回阀的阀板靠风力推动开启,无风时或风向相反时阀板靠重力回落封闭风道,阀上没有重锤,不能与水平安装的止回阀混用。

5.3.3　密闭阀的安装

密闭阀有手动和电动之分,一般直接安装在水平或垂直风管上。其安装方法和注意事项如下。

(1)安装手动、电动密闭阀时,阀体上的箭头方向必须与冲击波方向一致。与风管连接的法兰间应垫 5 mm 厚橡胶垫。安装中应先穿好全部法兰螺栓,然后对称逐次拧紧螺母,防止法兰受力不均产生渗漏。

(2)安装于密闭隔墙后的手动、电动密闭阀,从预埋管接出至阀体的风管壁厚应符合设计要求。设计无要求者,可采用厚 3 mm 以上的钢板卷制焊接。

(3)与手动、电动密闭阀配接的风管法兰必须采用与阀体法兰相同厚度的钢板加工制成。法兰焊接前采用吊线找正,注意螺孔的位置应能使阀体上手柄或电机的位置在正侧面,不得歪斜。法兰焊接时应严格按照焊接工艺操作。

(4)阀体必须有专设的支、吊架。支、吊架应符合设计要求,设计无要求者,手动密闭阀可采用双支、吊架,吊点设在阀体两端轴头上。用扁钢制作卡箍与吊杆相连,吊杆不能直接吊在法兰螺栓上。电动密闭阀可采用带斜撑支架或吊架,并应在减速器箱位置增设吊点,保持阀体重心平衡。阀体垂直安装时,如离地面或墙面较近,也可采用支架,支架与阀体结合处必须采用卡箍,不得直接支在法兰盘上。

(5)手动、电动密闭阀的阀板密封面及密封圈上禁止刷漆;应保持清洁无锈。阀体减速器中的润滑油位应达到规定位置。

(6)电动密闭阀安装好后应做调整试验,确保其开启到位和关闭到位,密闭性能符合设计要求。阀体上的"开""关"到位指示器的指针位置应调整到刻度的起始和终止位置,与阀板的运动实际情况相符。电动密闭阀的开启和关闭到位由减速器箱内的限位开关控制。调试时,主要是调整限位开关的档块位置,使阀体开启和关闭到位。连接在风管中的电动密闭阀看不见阀板的关闭情况,可在阀板运动停止后,用摇把插入手动轴孔内向关闭方向转动摇把,如果只能转动四分之一周,且明显感到阀板压簧已经压紧,就可认为阀板已关闭到位,否则应重新调整限位开关位置,直到满足要求。

5.3.4　风口的安装

1.百叶风口的安装

百叶风口是空调中常用风口,有联动百叶风口和手动百叶风口,如图 5-26 所示。新型百叶风口内装有对开式调节阀,以调节风口风量。单层百叶风口用于一般送风口,双层百叶风口用于调节风口垂直方向气流角度,三层百叶风口用于调节风口垂直和水平方向的气流角度。

在风管上安装时,百叶风口直接固定在风管壁上,在墙上安装时,预留木框断面尺寸可为 40 mm×40 mm。为满足系统试验调整工作的需要,百叶风口的叶片必须平整、无毛刺,间距均匀一致。封口在关闭位置时,各叶片贴合无明显缝隙,开启时不得碰撞外框,并应保证开启角度。手动百叶风口的叶片直接用铆钉固定在外框上,制作时不能铆接过紧或过松,否则将有调整叶片角度时扳不动或气流吹过时颤动等现象。

图 5-26　百叶风口

2.散流器的安装

散流器有方形和圆形之分,如图 5-27 所示。安装在吊顶上时,支管应以斜三通接出。每个三流器只能占据一块吊顶装饰板的位置居中安装。安装时要由上向下安装,不得另加装饰。散流器重量可由风管承受,也可由吊顶承担。目前,有些散流器的芯子与边框可以分离,安装时可先拆下芯子,把边框固定好后再把芯子装上。

散流器与风管连接时,应使风管法兰处于不铆接状态,使散流器按正确位置安装后,再准确定出风管法兰的安装位置,最后按画定的风管法兰安装位置将法兰与风管铆接牢固。

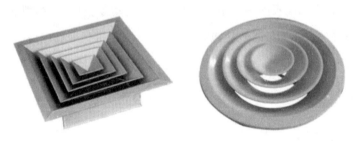

图 5-27　散流器

3.吊顶风口的安装

目前,一些宾馆、商场、写字楼等高级建筑出于装饰需要,大量采用铝合金轻质龙骨吊顶或高质量的合成材料吊顶。安装风口时,风口位置切断中小龙骨后应采用增设挂吊点的方法保证吊顶龙骨的荷重能力,使吊顶保持平整。否则,可能会对吊顶结构产生损坏。

5.3.5　风口专配柔性软管的安装

高级建筑中空调风口的布置要服从装饰效果的需要,往往要配合顶板造型。采用常规方法制作支风管困难很大,往往采用新型柔性风管来配合风口安装,两端采用专用钢卡箍配件与风管或风口连接。柔性软管可与散流器直接配接,也可与风口静压箱相连。

空调用柔性软管有保温型和不保温型两类。材料为自熄性、无毒害,可耐受一定温度。目前,常用柔性软管有圆形和方形,规格有 100～400 mm,每条长度为 6 mm。

5.3.6　风帽的安装

风帽有两种安装方法:一是风帽从室外沿墙绕过屋檐伸出屋面,二是从室内直接穿过屋面层伸向室外。采用穿屋面的做法时,屋面板应预留洞,安装风帽后,屋面孔洞处应做防雨罩,如图 5-28 所示,防雨罩与接口应紧密不漏水。

不连接风管的筒形风帽,可用法兰固定在屋面板预留洞口的底座上,如在底座下设有滴水盘时,其排水管应接到指定位置或有排水装置的地方。

风帽的安装高度超出屋面 1.5 m 时,应用镀锌铁丝或圆钢拉索固定,拉索应不少于3 根,拉索中间加松紧螺丝调节。拉索不得固定在风管连接法兰上面,应另设加固法兰。

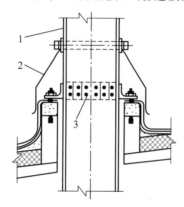

1—金属风管;2—防雨罩;3—铆钉。

图 5-28　穿过屋面的排风管

5.3.7　吸尘罩与排气罩的安装

各类吸尘罩与排气罩的安装位置,应参照设计,根据已安装的相应设备位置、尺寸确定。罩口直径大于 600 mm 或矩形大边大于 600 mm 的罩子应设支架(或吊架),其重量不得由设备及风管承担。支、吊架应不妨碍生产操作。

5.4　通风空调设备的安装

5.4.1　通风机(ventilator)的安装

通风机是通风空凋系统中的主要设备之一,常用通风机有离心式和轴流式两种,如图 5-29 所示。

（a）离心式

（b）轴流式

图 5-29　通风机

通风机的安装工艺流程如图 5-30 所示。

基础验收 → 开箱检查 → 搬运 → 清洗 → 安装、找平、找正 → 试运转、检查验收

图 5-30　通风机的安装工艺流程

1. 安装前的准备工作

（1）基础验收

安装前应对设备基础进行全面检查，是否符合尺寸，标高是否正确；预埋地脚螺栓或预留地脚螺栓孔的位置及数量，应与通风机及电动机上地脚螺栓孔相符。预埋地脚螺栓的直径或预留地脚螺栓孔的大小及深度，均应符合要求。浇灌地脚螺栓应用和基础相同标号的水泥。

（2）开箱检查

设备应有出厂合格证或质量鉴定文件；根据设备清单核对其规格、型号是否与设计相符，皮带轮、皮带、电机滑轨及地脚螺栓等零配件是否齐全；再观察外表有无损坏、变形和锈蚀现象；用手拨动风机叶轮，检查叶轮是否灵活，旋转后叶轮每次都不应停留在同一位置上，并不得碰壳；风机轴承填充润滑剂，其黏度应符合设计要求，不能使用变质或含有杂物的润滑剂。

（3）风机搬运

整体安装的风机，搬运和吊装的绳索不能捆绑在机壳和轴承的吊环上，与机壳边接触的绳索，在棱角处应垫上柔软的材料，防止磨损机壳及绳索被切断；解体安装的风机，绳索捆绑不能损坏主轴、轴衬的表面和机壳、叶轮等部件；搬动风机时，不得将叶轮、齿轮轴直接放在地上滚动或移动。

（4）设备清洗

风机设备安装前，应将轴承、传动部位及调节机构进行拆卸、清洗，装配后使其转动、调节灵活；用煤油或汽油清洗轴承时严禁吸烟或用火，以防发生火灾。

2. 离心式通风机的安装

(1)整体式小型风机可直接安装,程序如下。

①在底座上穿地脚螺栓,并拧满螺母,将风机连同底座一起吊装在基础上。

②调整底座,使其与底座上面定的横向及纵向中心线吻合。

③用水平尺测量风机是否水平,如不水平,可通过在底座四角下垫铁找平。

④调整风机与电动机的同心度。调整时,松动风机或电动机与底座的固定螺栓,微调后,再拧紧螺栓。

⑤二次浇注,将地脚螺栓孔用细石混凝土浇灌、捣实。将基础面与底座间缝隙抹平压光。

⑥二次浇注干结后,再次校正风机与电机的水平度与同心度,合格后拧紧螺栓。

(2)解体式风机应分步安装,程序如下。

①清理好基础和螺栓孔,并在基础上画出风机安装纵横向中心线。

②将底座穿上地脚螺栓,并拧满螺母,把机壳机座吊装到基础上,并就位,调整风机使其对准安装中心线。

③将叶轮装上轮轴,将电动机及轴承架吊放在基础上。

④用水平尺检查风机轮轴的水平度,如不水平,可加垫铁找平;找平后将垫铁点焊固定。

⑤检查和调整滑动轴承轴瓦间隙。一般顶间隙为$(0.0018\sim0.002)d$(d 为轴颈直径),侧间隙应为顶间隙的一半。

⑥风机外壳找正,使机壳和叶轮及轴承不互相摩擦。

⑦电机找正,应在风机组合体安装后进行。用联轴器安装时,联轴器两端应调整到外圆同心,端面平行,风机与电动机联轴器端面的间隙值应与表 5-12 所列数据相符合。风机联轴器找平后,同心度允许偏差参见表 5-13 所列。

⑧进行二次浇注。

⑨安装皮带轮。注意安装后应有一定的松紧度,且拉紧一面应位于皮带轮下方,如图 5-31 所示。这样可增大皮带和皮带轮的接触面积,提高传动效率,同时有利于三角皮带较顺利地嵌进风机的皮带轮槽内。

表 5-12　风机与电机联轴器端面间隙

风机类型	间隙/mm
大型	8～12
中型	6～8
小型	3～6

表 5-13　风机同心度允许误差

转速/(r·m⁻¹)	刚性联轴器/mm	弹性联轴器/mm
<3000	≤0.04	≤0.06
<1500	≤0.06	≤0.08
<150	≤0.08	≤0.10
<500	≤0.10	≤0.15

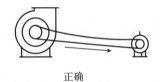 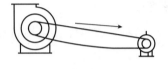

正确　　　　　不正确

图 5-31　皮带传动方向

（3）离心式风机本体安装的要求：使通风机的叶轮旋转后，每次都不停留在原来位置上，且不得碰擦机壳。风机安装允许偏差见表 5-14 所列。机壳进风斗的中心线与叶轮中心线应在一条直线上，机壳与叶轮之间有轴向间隙，如图 5-32 所示，其间隙值应与表 5-15 所列数据相符合。

表 5-14　风机安装允许偏差

单位：mm

中心线的平面位移	标高	皮带轮轮宽中心平面位移	转动轴水平度		联轴节同心度	
			纵向	横向	径向位移	横向倾斜
10	±10	1	0.2/1000	0.3/1000	0.05	0.2/1000

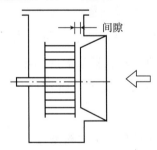

图 5-32　通风机机壳进风斗与叶轮的轴向间隙

表 5-15　进风斗与叶轮的间隙值

离心式风机号	间隙/mm
2～3	≤3
4～5	≤4
6～11	≤6
12 以上	≤7

(4)离心式通风机安装时应注意以下问题。

①固定风机的底脚螺栓,都应带有垫圈和防松转置。

②通风机的进、出风管要有单独的支架,机身不应承受风管及其他构件的重量。

③风管与风机连接时,中间要装柔性接管,风机、风管应同心,软接平顺、松紧适宜、接口严密,如图 5-33(a)所示。

④离心风机出口处的异径管和弯管,应顺气流方向向内扩大,以减小出口阻力,如图 5-33(b)所示。

⑤风机的进风管或出风管直通大气时,在管口处要加设防护网。

⑥通风机试运转前必须在传动装置上加注润滑油,并检查各项措施是否安全;叶轮旋转方向必须正确;机壳温度不得超过 60 ℃。

⑦通风机试运转连续运转时间不少于 2 h。

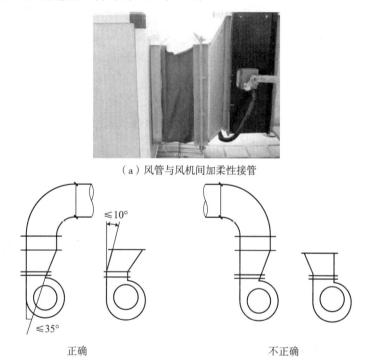

（a）风管与风机间加柔性接管

正确　　　　　　　　　　　　不正确

（b）出口处异径管和弯管

图 5-33　风机出口连接

(5)电机的安装:电机可水平安装在滑座上或固定在基础上。电机按通风机找平、找正。

(6)风机与电机的连接:通风空调系统中通常采用联轴器连接。此时两轴中心线应该在同一条直线上,其轴向偏差允许为 0.2‰,径向位移允许偏差为 0.05 mm,如图 5-34 所示。

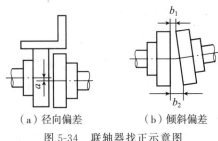

（a）径向偏差　　　　　（b）倾斜偏差

图 5-34　联轴器找正示意图

3. 轴流式通风机安装

轴流式通风机大多安装在墙洞、风管中间或单独支架上。

(1)在墙洞内安装轴流风机，应在土建施工时预留孔洞，并预埋风机框架和支座。安装时，把风机放在支架上，拧紧底脚螺栓，连接挡板框，在外墙侧应装有防雨雪的弯管，如图 5-35 所示。风机底座必须与安装基面自然结合，不得敲打强行稳固，以防底座变形。安装时底座必须找平。安装后风机外壳与安装孔洞之间的缝隙用填充物封严。风机在窗口安装时，风机固定在木结构上，并用 1 mm 厚的钢板将四周缝隙封严。

(2)在风管内安装轴流风机和在单独支架上安装轴流风机方法相同。如图 5-36 所示，把风机底座固定在角钢支架上，支架按图纸要求位置和标高安置牢固，支架螺孔位置应和风机底座螺孔尺寸相符。将风机吊放在支架上，支架与底座间宜垫以 4~5 mm 厚的橡胶板，找平、找正后，把螺栓拧紧。安装时要注意气流方向和翼轮转向，防止反转。连接风管时，风管中心应与风机中心对正。

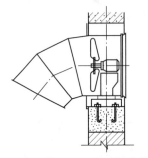

图 5-35　轴流风机在墙洞内安装

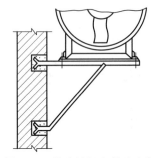

图 5-36　轴流风机在单独支架上安装

5.4.2　空气处理设备的安装

1. 空调机组的安装

空调机组(air handling unit,AHU)主要由空气过滤器、冷热交换器和送风机组成。常见的有新风空调机组、柜式空调机组、组合式空调机组等。其安装形式有卧式、立式和吊顶式。

(1)吊顶式空调机组的安装

吊顶式空调机组不单独占据机房，而是吊装于楼板之下、吊顶之上，因此机组高度尺寸较小；风机为低噪声风机，一般在 4000 m³/h 以上的机组有两个或两个以上的风机；为了吊装上的方便，其底部框架的两根槽钢做得较长，打有 4 个吊装孔，其孔径根据机组重量和吊杆直径确定。从承重方面考虑,在一般情况下,吊装机组的风量不超过 8000 m^3/h,如果建筑承重强度大,并且有保证,也可以吊装较大的新风空调箱(可达到 20 000 m^3/h),但在安装时必须有保证措施。

吊装式空调机组的安装方法和程序如下。

①安装前,应首先阅读生产厂家所提供的产品样本及安装使用说明书,详细了解其结构特点和安装要点。

②因机组吊装于楼板上,应确认楼板的混凝土标号是否合格,承受能力是否满足要求。

③确定吊装方案。一般情况下,如机组风量和重量均不过大,而机组的振动又较小,吊杆顶部采用膨胀螺栓与楼板连接,吊杆底部采用螺扣加装橡胶减振垫与吊装孔连接的办法。如机组的风量、重量较大,吊杆在钢筋混凝土内应加装钢板,吊杆做法如图 5-37 所示。

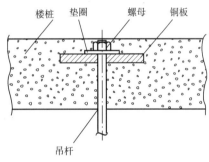

图 5-37　大风量机组吊杆顶部连接图

④合理选择吊杆直径的大小,保证吊挂安全。

⑤合理考虑机组的振动,采取适当的减振措施。在一般情况下,新风空调箱内部的风机与箱体底架之间已加装了减振装置。如果是较小规格的机组,并且机组本身减振效果又较好,可直接将吊杆与机组吊装孔采用螺扣加垫圈连接;如果进行试运转机组本身振动较大,则应考虑加装减振装置。减振措施:一是在吊装孔下部粘贴橡胶垫使吊杆与机组之间减振,二是在吊杆中部加装减振弹簧,效果更好。

⑥安装时应特别注意机组的进出风方向、进出水方向、过滤器的抽出方向是否正确等,以避免不必要的失误。安装时应注意保护好进出水管、冷凝水管的连接丝扣,缠好密封材料,以保证管路连接的严密性,防止管路连接处漏水。同时应保护好机组凝结水盘的保温材料,不要使凝结水盘有裸露情况。

⑦机组安装后应进行调节,以保持机组水平;在连接机组的冷凝水管时应有一定的坡度(≥5%),以使冷凝水顺利排出;机组安装完毕后应检查风机运转是否平衡,风机转动方向是否正确,同时冷热交换器应无渗漏。

⑧机组的送风口与送风管道连接时应采用帆布软管连接形式。

⑨机组安装完毕进行通水试压时,应通过冷热交换器上部的放气旋塞将空气排放干净,以保证系统压力和水系统的通畅。

（2）柜式空调机组的安装

柜式空调机组箱体为框板式结构，框架采用轧制型钢，螺栓连接，可现场组装。壁板为双层钢板，中间粘贴超细玻璃棉板。框板间用密封腻子密封，机组应进行防腐处理。换热器采用 CR 型铜管铝片型热交换器，采用机械胀管、二次翻边、条缝式结构，水路行程及片距合理，具有换热性能好，耐压高，风、水阻力小，紧凑轻量化等特点。风机为低噪声风机，叶轮均经过动平衡试验，叶轮轴承选用自动调心轴承，并装减振器。初效过滤器滤料为锦纶网，插拔式结构，拆装方便，可重复使用。可采用自控系统实现对空气温度、湿度、风压及风量的自动控制，实现过滤器前后压差显示及风机电机的保护，以满足工艺性空调的要求。

（3）组合式空调机组的安装

组合式空调机组外形较大，有 10 多种功能段：新风、回风混合段，初效过滤段，中效过滤段，表面冷却段，加热段，加湿段，回风机段，送风机段，二次回风段，消声段，中间段等，各段组合如图 5-38 所示，供应不同应用场合选用、组合。

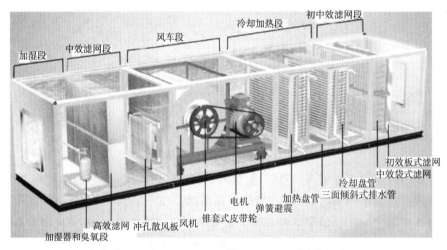

（a）结构示意图

（b）实物图

图 5-38　组合式空调机组的安装

这种空调器的各部件是散装供货,在现场按设计图纸进行组装后再安装。该机组安装程序和要求如下。

①现场条件:机组四周,尤其是操作面及外接管一侧应留有充分空间,供操作及维修使用;机组应放置在平整的基座上(混凝上垫层或槽钢底座),基座应高于机房地平面200～250 mm,且四周需做排水沟口;机房应设有地漏,以便排放冷凝水及清洗水。

②设备开箱检查:应与建设单位和设备供货商共同开箱检查,检查设备名称、规格、型号是否符合设计图纸的要求,产品说明书、合格证是否齐全;按装箱清单及设备技术文件,检查附件、专用工具是否齐全;设备表面有无缺陷、损坏、锈蚀等现象;风机叶轮与机壳是否卡塞,风机减振是否合格;并做好检验记录,作为设备技术档案。

③空调机组应分段组装,从空调机组的一端开始,逐一将段体抬上底座校正位置后,加上衬垫,将相邻的两个段体用螺栓连接严密牢固。每连接一个段体前,将内部清除干净。与加热段相连接的段体,应采用耐热垫片做衬垫。必须将外管路的水路冲洗干净后方可与空调机组的进出水管相接,以免将换热器水路堵死。与机组管路相接时,不能用力过猛,以免损坏换热器。机组内部安装有换热器的放气及泄水阀门,为了方便操作,安装时也可在机组外部的进出水管上安装放气及泄水阀门;通水时旋开放气阀门排气,排完后将阀门旋紧,停机后通过泄水阀门排出换热器水管内的积水。用冷热水作为介质的换热器,下部为进水口,上部为出水口;用蒸气为介质的加热器,上部为进气口,下部为出水口。检查电源电压符合要求后方可与电机相接,接通后先启动一下电机,检查风机转向是否正确,如果转向相反,应停机将电源相序改变,然后将电机电源正式接好。风机应接在有保护装置的电源上,并可靠接地。空调机的进出风口与风道间应用软接头(帆布、革等)连接。各段组装完毕后,则按要求配置相应的冷热媒管路,给排水管路,冷凝水排出管应畅通。全部系统安装完毕应进行试运转,一般应连续运行8 h无异常现象为合格。

2.风机盘管(fan coil)机组的安装

风机盘管机组主要由换热盘管、风轮、电机、送回风口、过滤器、控制器和接水盘等组成,机组有立式、卧式等形式,如图5-39所示。其实物图如图5-40所示。风机盘管一般直接设置在空调房间内。

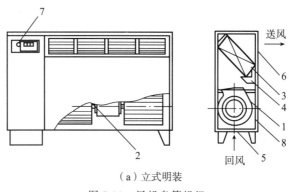

（a）立式明装

图 5-39　风机盘管机组

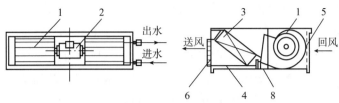

（b）卧式暗装（控制器装在机组外）

1—离心式风机;2—电机;3—盘管;4—凝水盘;5—空气过滤器;6—出风格栅;7—控制器(电动阀);8—箱体。

图 5-39 （续）

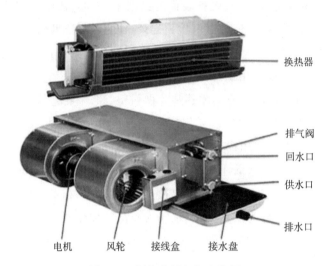

图 5-40 风机盘管机组实物图

（1）风机盘管的安装方式（如图 5-41 所示）

①卧式明装:吊装于天花板下或门窗上方。

②卧式暗装:吊装于顶棚内,回风口方向可在下部或后部。

③立式明装:设置于室内地面上。

④立式暗装:设置在窗台下,送风口方向可在上方或前方。

（2）风机盘管的安装步骤、方法

①根据设计要求确定盘管安装位置;

②根据安装位置选择支、吊架的类型;

③支、吊架的制作;

④支、吊架的安装;

⑤盘管安装到位;

⑥盘管找正、找平;

⑦盘管固定。

图 5-41　风机盘管的安装方式

（3）风机盘管安装时应注意的问题

①土建施工时要搞好配合，按设计位置预留孔洞。待建筑结构工程施工完毕，屋底做好防水层，室内墙面、地面抹完灰再检查安装的位置尺寸是否符合设计要求。

②风机盘管安装一定要水平。

③风机盘管应逐台进行水压试验，试验压力应为工作压力的 1.5 倍，定压后观察 2～3 min 不渗不漏。

④风机盘管同冷热媒管道应在管道清洗排污后连接，以免堵塞热交换器。

⑤卧式暗装的盘管应由支、吊架固定，并便于拆卸和检修。

⑥空调系统干管安装完后，检查接往风机盘管的支管预留管口位置标高是否符合要求。

⑦为便于凝结水的排出，安装明装立式机组时，要求通电侧稍高于通水侧；安装卧式机组时，应使机组的冷凝水管保持一定的坡度（一般坡度为 5°）。

⑧机组凝结水管不得压扁、折弯，以确保凝结水排除通畅；机组凝结水管连接要严密、不得渗漏。

⑨风机盘管与风管、回风室及风口连接处应严密。

⑩冷水媒水管与风机盘管相连宜采用钢管或紫铜管,接管应平直。凝结水管宜软性连接,材质宜用透明胶管,并用卡箍紧固严禁渗漏;坡度应正确,凝结水应畅通流到指定位置,水盘应无积水现象。

⑪机组进出水管应加保温层,以免夏季使用时产生凝结水。进出水管的水管螺纹应有一定的锥度,螺纹连接处应采取密封措施(一般选用聚四氟乙烯生料带)、进出水管与外接管路连接时必须对准,应采用挠性接管(软接头)或铜管连接,连接时切忌用力过猛或别着劲(因是薄壁管的铜焊件,以免造成盘管弯扭而漏水)。

3.消声器(noise silencer)的安装

消声器有定型产品或现场加工制作,制做时各种板材、型钢及吸声材料都应严格按设计要求选用。如图 5-42 所示为消声弯管结构示意图。

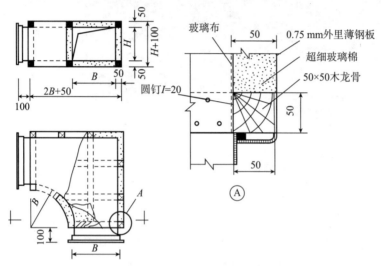

图 5-42　消声弯管结构示意图

制作消声器所用型钢应等型,不应有裂纹、划痕、麻点及其他影响质量的缺陷。

吸声材料应严格按照设计要求选用,并满足对防火、防潮和耐腐蚀性能的要求。用得较多的是聚氨脂泡沫塑料、超细玻璃纤维和工业毛毡等材料。

为防止纤维飞散,消声层表面均用织布(玻璃纤维布、细布、塑料或金属纱网)覆盖包裹。消声器内的织物覆面层应有保护层,保护层应采用不易锈蚀的材料,不得使用普通铁丝网。当使用穿孔板保护层时,穿孔率应大于 20%。消声材料要铺匀贴紧,并应顺气流方向进行搭接,不得脱落,覆面层不得破损。穿孔板应平整,孔眼排列均匀、无毛刺。

矩形消声弯管平面边长大于 800 mm 时,应设置吸声导流片。

对购买的消声器产品,除检查有无合格证外,还应进行外观检查。如:板材表面应平整,厚度均匀,无凸凹及明显压伤现象,并不得有裂纹、分层、麻点及锈蚀情况。

消声器在运输安装过程中,不能受潮。充填的消声材料不应有明显的下沉,其安装方法要正确。

消声器和消声弯头应单独设支架,其重量不得由风管来承担,这样也有利于单独拆卸检查和更换。

消声器内外金属构件表面应涂刷红丹防锈漆两道(优质镀锌板材可不涂防锈漆)。涂刷前,金属表面应按需要做好处理,清除铁锈、油脂等杂物。涂刷时要求无漏涂、起泡、露底等现象。

消声器支、吊架托铁上穿吊杆的螺孔距离,应比消声器宽出 40～50 mm。为了便于调节标高,可在吊杆端部套有 50～60 mm 的丝扣,以便找正、找平。也可用在托铁上加垫的方法找平、找正。

当空调系统为恒温,要求较高时,消声器外壳应与风管同样做保温处理。

消声器安装后,可用拉线或吊线的方法进行检查,不符合要求的应进行修整。

消声器安装就位后,应加强管理,采取防护措施。严禁其他支、吊架固定在消声器法兰及支吊架上。

应将出风口消声器与机房隔离,不宜配置在空调机房内,否则会造成消声短路,如图 5-43 所示。

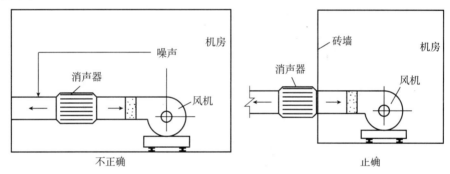

图 5-43　消声器安装方式

4. 空气过滤器(air filter)的安装

空气过滤器按其过滤的粒径范围等级,可分为初效(粗效)过滤器、中效过滤器和高效过滤器。按滤料、结构的不同,这三种过滤器又可分为若干种。过滤器的分级见表 5-16 所示。

表 5-16　过滤器的分级

分级	入口浓度 /(mg·m⁻³)	主要过滤径/μm	设计滤速 /(m·s⁻¹)	效率/% [测试方法]	阻力/Pa 初	阻力/Pa 终	清洗或更换周期/月 [按 8b/d 计]
初效	<10	>10	0.5～3	<90[计量法]	30～50	<100	0.5～1
中效	1～2	1～10	0.05～0.3	40～90[比色法]	50～100	<200	2-4
高效	<1	<1	0.01～0.03	99.9～99.99[计数法]	−200	−400	≥12

空气过滤器的安装应做到以下几点。

(1)对于框式及袋式的粗、中效空气过滤器,安装时要便于拆除和更换滤料,还要注意过滤器内部及其与风管或空气处理室间的严密性。

（2）对于亚高效、高效过滤器，应注意按标志方向搬运、存放于干燥洁净的地方。安装的洁净室须在其他安装工程完毕并全面清扫完后，将系统连续运行 12 h，再对过滤器进行开箱检查，合格后立即安装。安装时，外框箭头应与气流方向一致。带波纹板的过滤器，波纹板应垂直于地面，网孔尺寸沿气流方向逐渐缩小，不得装反。过滤器与框架之间应严格密封。

（3）自动卷绕式过滤器一般由箱体、滤料及其固定部分、传动机构、控制部分组成，如图 5-44 所示。安装时，应先在墙洞或混凝土底座上，做好预埋件，将框架与预埋件用螺栓固定，中间垫入 10 mm 厚的衬垫。注意上下筒间平行，框架平整，滤料松紧合适。

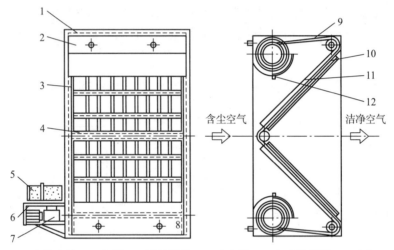

1—连接法兰；2—上箱；3—滤料滑槽；4—改向辊；5—自动控制箱；6—支架；

7—双极涡轮减速器；8—下箱；9—滤料；10—挡料栏；11—压料栏；12—限位器。

图 5-44　ZJK-1 型自动卷绕式空气过滤器结构

（4）安装自动浸油式过滤器时，将数层波浪形金属网格交错重叠装于金属匣内，如图 5-45 所示。浸油后，将若干个同时固定在一个框架上使用。安装时整体固定在预埋的角钢框上。应使过滤器间接缝严密，滤网应清理干净，传动灵活。

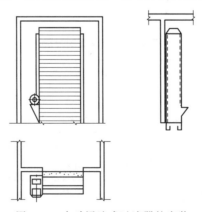

图 5-45　自动浸油式过滤器的安装

(5)静电过滤器由尼龙网层、电过滤器、高电压发生器和控制盒组成,除控制盒外,其他 3 个部分共同装于一个外壳内,如图 5-46 所示。一般采用整体式安装。安装应注意平稳性,与其相连处应采用柔性短管。须带有接地装置,接地电阻应小于 4 Ω,为了方便清洗,还应安装进、出水管。

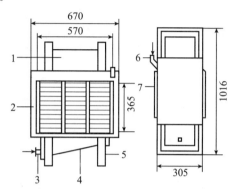

1—高电压发生器;2—电过滤器;3—清洗用排水管;
4—排水槽;5—支架;6—清洗用进水管;7—接风管法兰。

图 5-46　JKG-2A 型静电过滤器结构

5.空气加热器的安装

空气加热器大致有两种类型:表面式加热器和电加热器。在通风空调系统中,表面式加热器应用得更为广泛。

表面式加热器一般装配在空调机组内,如图 5-47 所示。安装前,须检查验收,合格后,才能安装;安装时,空气加热器应与预制好的角钢框连接起来,中间垫上 3 mm 厚的石棉板;注意用水平尺找正、找平;加热器并联安装时,应用螺栓垫石棉板连接,加热器与外框及加热器间缝隙应用耐火材料填实。若表面式加热器夏季用于冷却空气,其下部应安装有滴水盘和凝结水排水管。

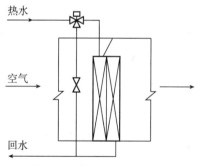

图 5-47　表面式空气加热器

常用电加热器也有两种类型,即裸线式电加热器和管状电加热器,如图 5-48 所示。电加热器一般只安装于风管内,安装时注意应保持良好的接地。连接电加热器前后风管的法兰垫料应用绝缘的耐热防火材料,严禁连接螺栓传电。暗装风管内的电加热器,安装时,应留有检修孔。

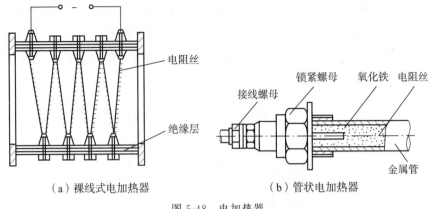

（a）裸线式电加热器　　　　（b）管状电加热器

图 5-48　电加热器

5.5　通风空调系统的调试与验收

施工单位在通风空调工程竣工后、交付使用前,应先向建设单位办理竣工验收手续。由建设单位组织设计、施工、监理、建设银行等有关单位共同参加,对设备安装工程进行检查,然后单机试运转和在没有生产负荷情况下的联合试运转。当设备运行正常(系统连续正常运转不少于 8 h 后),即可认为该工程已达到设计要求,可以向建设单位办理交工手续,进行竣工验收。

5.5.1　通风空调系统的调试

1.准备工作

(1)熟悉资料。熟悉通风空调工程的全部设计图纸、设计参数、系统全貌、设备性能和使用方法等内容。

(2)外观检查。对整个通风空调工程做全面的外观质量检查,主要包括:风管、管道、设备(包括制冷设备)安装质量是否符合规定,连接处是否符合要求;各类阀门安装是否符合要求,操作调节是否灵活方便;空气洁净系统的安装是否满足清洁、严密的规定;除尘器、集尘器是否严密;系统的防腐及保温工作是否符合规定。检查中凡质量有不符合规范规定的地方应逐一做好记录,并及时修正,直到合格为止。

(3)编制调试计划。调试计划内容包括:目标要求、时间进度、试调项目、调试程序和方法及人员安排等,并做到统一指挥,统一行动。

(4)准备好需用的仪表和工具,接通水、电源及冷、热源。

2.单机试运转

各项准备工作就绪和检查无误后,即可按计划投入试运转。单机试运转主要包括风机、空调机、水泵、制冷机、冷却塔等的试运转。

运转后要检查设备的减振器是否有位移现象,设备的试运转要根据各种设备的操作规程运行,并做好记录。

3.无生产负荷的联合试运转

无生产负荷联合试运转是指空调房间没有工艺设备,或虽有工艺设备但并未投入运转,也无生产人员的情况下进行的联合试运转。

在单机试运转合格的基础上,可进行设备的联合试运转。联合试运转前需进行以下检测。

(1)风机的风量、风压测定。测量空气流动速度的各种仪器、仪表在使用前都需经过认真检验校核,确保其数据准确可靠,常用的仪器有叶轮风速仪、转杯风速仪和热电风速仪、毕托管、微压计等。

(2)风管系统的风量平衡。将系统各部位的风量调整到设计要求的数值,使系统达到设计要求,一般应达到:风口的风量、新风量、排风量、回风量的实测值与设计风量的允许值不大于 10%;新风量与回风量之和应近似等于总的送风量或各送风量之和;总的送风量应略大于回风量与排风量之和。风量的调整是通过调节风管系统中阀门的开启度来改变系统各管段的阻力,使之风量达到设计要求的,如图 5-49 所示。

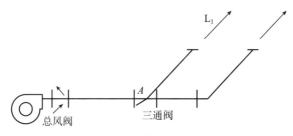

图 5-49　风量分配示意图

目前,常用的调试方法有等比分配法、基准风口调整法及逐段分支调整法等。

①等比分配法:从最不利风口(通常为最远管段)开始,逐步调向风机。步骤如下:绘制系统草图,标出各管段的风量,并填写风量等比分配法调整表(表 5-17);从最不利管段开始,用两套仪器分别相邻测量管段的风量,边测量边调节三通阀或支管调节阀的开启度,使相邻管段间实测风量比与设计风量比近似相等;逐段依次进行,最后调整总风管的风量达到设计风量。这样,各管段风量也按比值进行分配,从而符合设计风量值。等比分配法调整风量准确,但各个管段上均需打孔,因而未能得到普遍使用。

表 5-17　风量等比分配法调整表

管段编号	设计风量/(m³·h⁻¹)	相邻管段设计风量比	调整后实测风量比
1			
2			
...			
n			

②基准风口调整法:先找出系统风量与设计风量比值最小的风口,以此风口风量为基准,对其他风口进行调整。步骤如下:用风速仪测出所有风口的风量,填写基准口法调整表(表 5-18);在每一干管上选一基准风口(系统风量与设计风量之比最小),用两套仪器,一套放于基准风口处不动,另一套分别放于其他风口处,借助三通阀的调节使两风口的实测风量比值与设计风量比值近似相等;最后调整干管风量,使之达到设计风量,则各管段风口风量也相应地达到设计要求。该方法无须打孔,减小了调试的工作量,加快了速度。

表 5-18　基准口法调整表

风口编号	设计风量/(m³·h⁻¹)	最初实测风量/(m³·h⁻¹)	最初实测风量/设计风量
1			
2			
3			
4			
...			
n			

③逐段分支调整法:该方法为逐步接渐法,通过反复逐段调整,使之达到设计风量。系统调整好后,在阀门手柄上做标记并加以固定。

(4)制冷系统试验及充注制冷剂,进行冷媒系统试运转。制冷系统的压力、温度、流量等各项技术数据应符合有关规范及技术文件的规定。

(5)空调系统带冷、热源的正常联合试运转不少于 8 h,但当竣工季节条件与设计条件相差较大时,仅做不带冷、熟源的正常联合试运转不少于 8 h,通风、除尘系统的连续运转不应少于 2 h。

在试运转时应考虑到各种因素,如建筑物装修材料是否干燥、室内的热湿负荷是否符合设计条件等。同时,在无生产负荷联合试运转时,一般能排除的影响因素应尽可能地排除,如果室内温度达不到要求,应检查盘管的过滤网是否堵塞、风机皮带是否打滑、新风过滤器的集尘量是否超过要求,或者制冷量是否未达到要求等。检查出的问题应由施工、设计及建设单位共同商定改进措施。如果运转情况良好,试运转工作即告结束。

5.5.2　竣工验收

1.提交验收资料

施工单位在进行了无负荷联合试运转后,应向建设单位提供以下资料:(1)设计修改的证明文件、变更图和竣工图;(2)主要材料、设备、仪表、部件的出厂合格证或检验资料;(3)隐蔽工程验收单和中间验收记录;(4)分部、分项工程质量评定记录;(5)制冷系统试验记录;(6)空调系统无生产负荷联合试运转记录。

以上资料施工单位在施工过程中一定要保存好,不要丢失或损坏,以免造成因资料不全而影响工程竣工验收,将这些资料整理后移交给建设单位存档。施工单位也要重视绘制竣工图的工作,特别是隐蔽工程,在隐蔽前一定要做好文字记录或绘制一些隐蔽工程图,由双方签字,分别由甲、乙方保管,以便作为竣工及结算的依据。

2.竣工验收

由建设单位组织,由质量监督部门逐项验收,待验收合格后,即将工程正式移交建设银行管理。

3.综合效能试验

对于空调系统应在人员进入室内及工艺设备投入运行的状态下,进行一次带生产负荷的联合试运转试验,即综合效能试验,检验各项参数是否达到设计要求。由建设单位组织,设计和施工单位配合进行。综合效能试验主要是针对空调房间的温度、湿度、洁净度、气流组织、正压值、噪声级等。每一项空调工程都应根据工程需要对其中若干项目进行测定。如果在带生产负荷的综合效能试验时发现问题,应与建设单位,设计、施工单位共同分析,分清责任,采取处理措施。

学 习 小 结

本章主要介绍了通风空调系统施工图的识读、通风空调管道及设备的安装方法及通风空调系统的调试与验收方法、注意事项等内容,旨在培养学生尊重规范和图纸、遵守操作规程和质量标准的意识和以保证整个工程达到"全优工程"的工匠精神;同时培养学生动手实践、问题处理和施工组织管理的能力;使学生具备建筑环境与能源系统中通风空调管道及设备安装的劳动实践能力和实际通风空调工程的美学鉴赏能力。

知 识 网 络

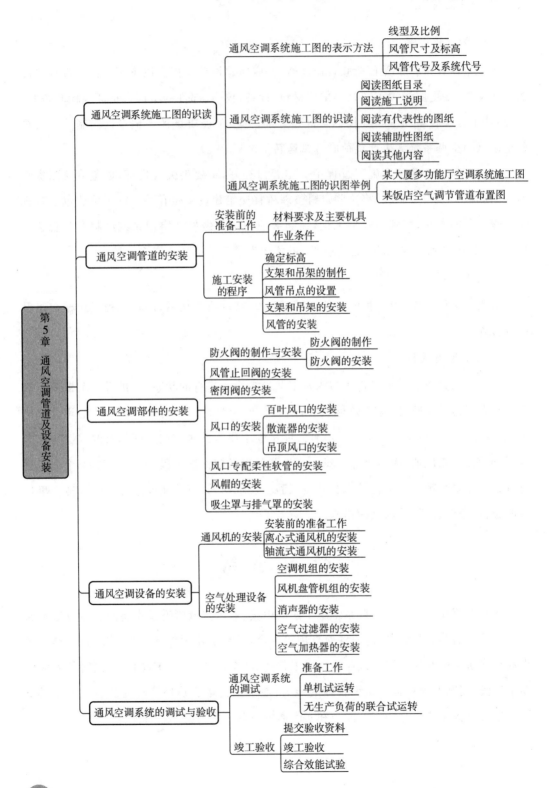

思　考　题

1.如何识读通风空调系统施工图？通风空调系统施工图在通风空调管道及设备的安装过程中有何作用？

2.通风空调管道的安装都有哪些程序和要求？

3.通风空调管道的安装都用到哪些工具？

4.通风空调系统的调试都包括哪些内容？为什么要进行通风空调系统调试？

关　键　词　语

通风　ventilation

空调　air-conditioning

支架　holder

吊架　hanging bracket

通风机　ventilator

空调机组　air handling unit，AHU

风机盘管　fan coil

消声器　noise silencer

空气过滤器　air filter

第6章　管道及设备防腐与保温

导　　读

在暖通空调系统中,常常因为管道被腐蚀而引起系统漏水、漏汽(气),这样既浪费能源,又影响生产。对于输送有毒、易燃、易爆的介质,如果发生泄漏还会污染环境,甚至造成重大事故。因此,为保证正常的生产秩序和生活秩序、延长系统的使用寿命,除了正确选材,采取有效的防腐措施也是十分必要的。保温的主要目的是减少冷、热量的损失,节约能源,提高系统运行的经济性。此外,对于高温设备和管道,保温后能改善四周的劳动条件,并能避免或保护运行操作人员不被烫伤,实现安全生产。对于低温设备和管道(如制冷系统),保温能提高外表面的温度,避免在外表面上结露或结霜,也可以避免人的皮肤与之接触受冻。对于空调系统,保温能减小送风温度的波动范围,有助于保持系统内部温度的恒定。对于高寒地区的室外回水或给排水管道,保温能防止水管冻结。综上所述,保温对节约能源、提高系统运行的经济性、改善劳动条件和防止意外事故的发生都有非常重要的意义。

本章主要讲述暖通空调系统中管道及设备防腐与保温的工艺流程。通过本章内容,使学生了解并掌握管道及设备防腐与保温施工劳动技能,具备暖通空调系统中管道及设备防腐与保温的劳动实践能力和防腐保温实际工程的美学鉴赏能力;培养学生动手实践、问题处理和施工组织管理的能力,遵守操作规程和质量标准的意识。通过介绍"态度决定命运""细节决定成败"的基本内涵,讲解劳动态度、工作责任心的重要作用和意义,培养学生认真细致的工作态度、较强的工作责任感,以及以保证整个工程达到"全优工程"的工匠精神。

6.1　管道及设备的防腐

腐蚀分为化学腐蚀和电化学腐蚀。化学腐蚀是金属在干燥的气体、蒸汽或电解溶液中的腐蚀,是化学反应的结果;电化学腐蚀是由于金属和电解质溶液间的电位差,导致有电子转移的化学反应所造成的腐蚀。金属材料(或合金)的腐蚀,两种均有。

腐蚀在管道工程中最经常、最大量的是碳钢管的腐蚀,碳钢管主要是受水和空气的腐蚀。暴露在空气中的碳钢管除受空气中的氧腐蚀外,还受到空气中微量的 CO_2、SO_2、H_2S 等气体的腐蚀,由于这些复杂因素的作用,加速了碳钢管的腐蚀速度。

为了防止金属管道的腐蚀常采取以下防腐措施。

(1)合理选用管材。根据管材的使用环境和使用状况,合理选用耐腐蚀的管道材料。

(2)涂覆保护层。地下管道采用防腐绝缘层或涂料层,地上管道采用各种耐腐蚀的涂料。

(3)衬里。在管道或设备内贴衬耐腐蚀的管材和板材,如衬橡胶板、衬玻璃板、衬铅等。

(4)电镀。在金属管道表面镀锡、镀铬等。

(5)电化学保护。电化学保护采用的牺牲阳极法,即用电极电位较低的金属与被保护的金属接触,使被保护的金属成为阴极而不被腐蚀。牺牲阳极保护法广泛用于防止在海水及地下的金属设施的腐蚀。

在管道及设备的防腐方法中,采用最多的是涂料工艺,对于放置在地面上的管道和设备,一般采用油漆涂料;对于设置在地下的管道,则多采用沥青涂料。

金属管道的防腐施工一般分表面处理、喷涂(或涂刷)两道工序组成,工艺流程一般如下:管道、设备及容器表面清理、除污→管道、设备及容器防腐刷油。

6.1.1 管道及设备表面的除污

为了使防腐材料能起较好的防腐作用,除所选涂料本身能耐腐蚀外,还要求涂料和管道、设备表面能很好地结合。一般钢管(或薄钢板)和设备表面总有各种污物,如灰尘、污垢、油渍、锈斑等,这些会影响防腐涂料对金属表面的附着力,如果铁锈没除尽,油漆涂刷到金属表面后,漆膜下被封闭的空气继续氧化金属,即继续生锈,以致漆膜被破坏,使锈蚀加剧。为了增加油漆的附着力和防腐效果,在涂刷底漆前,必须将管道或设备表面的污物清除干净,并保持干燥。常用的除污方法有人工除污、喷砂除污、机械除污和化学除污。

1.人工除污

人工除污一般使用钢丝刷、砂布、废砂轮片等摩擦外表面。对于钢管的内表面除污,可用圆形钢丝刷来回拉擦。内外表面除污必须彻底,应露出金属光泽为合格,再用干净废棉纱或废布擦干净,最后用压缩空气吹洗。

这种方法劳动强度大、效率低、质量差,但在劳动力充足、机械设备不足时,尤其是安装工程中还是经常采用人工除污。

2.喷砂除污

喷砂除污是采用 0.4~0.6 MPa 的压缩空气,把粒度为 0.5~2.0 mm 的砂子喷射到有锈污的金属表面上,靠砂子的打击使金属表面的污物去掉,露出金属的质地光泽。喷砂除污的装置如图 6-1 所示。用这种方法除污的金属表面变得粗糙而又均匀,使油漆能与金属表面很好地结合,并且能将金属表面凹处的锈除尽,是加工厂或预制厂常用的除污方法。

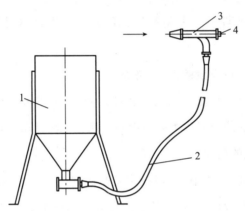

1—储砂罐;2—橡胶管;3—喷枪;4—空气接管。

图 6-1 喷砂装置

喷砂除污虽然效率高、质量好,但由于喷砂过程中产生大量的灰尘,污染环境,影响人们的身体健康。为避免干喷砂的缺点,减少尘埃的飞扬,可用喷湿砂的方法来除污。为防止喷湿砂除污后的金属表面易生锈,需在水中加入一定量(1%~15%)的缓蚀剂(如磷酸三钠、亚硝酸钠),使除污后的金属表面形成一层牢固而密实的膜(即钝化)。实践证明,加有缓蚀剂的湿砂除污后,金属表面可保持短时间不生锈。

喷湿砂除污的砂子和水一般在储砂罐内混合,然后沿管道至喷嘴高速喷出以除去金属表面的污物,使用后的湿砂再收集起来倒入储砂罐内继续使用。

3.机械除污

机械除污是用电动机驱动的旋转式或冲击式除污设备进行除污,除污效率高,但不适用于形状复杂的工件。常用除锈设备有旋转钢丝刷、风动刷、电动砂轮等。如图 6-2 所示是一电动钢丝刷内壁除锈机,由电动机、软轴、钢丝刷组成,当电动机转动时,通过软轴带动钢丝刷旋转进行除锈,用来清除管道内表面上的铁锈。

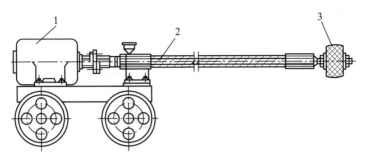

1—电动机；2—软轴；3—钢丝刷。

图 6-2　电动钢丝刷内壁除锈机

4.化学除污

化学除污又称酸洗，是使用酸性溶液与管道设备表面金属氧化物进行化学反应，使其溶解在酸溶液中。用于化学除污的酸液有工业盐酸、工业硫酸、工业磷酸等。酸洗前先将水加入酸洗槽中，再将酸缓慢注入水中并不断搅拌。当加热到适当温度时，将工件放入酸洗槽中，掌握酸洗时间，避免清理不净或侵蚀过度。酸洗完成后应立即进行中和、钝化、冲洗、干燥，并及时涂涂料。

6.1.2　管道及设备的刷油

1.管道及设备的刷油

油漆防腐的原理就是靠漆膜将空气、水分、腐蚀介质等隔离起来，以保护金属表面不受腐蚀。油漆的漆膜一般由底层（漆）和面层（漆）构成。底漆打底，面漆罩面。底层应用附着力强，并具有良好防腐性能的漆料涂刷。面层的作用主要是保护底层不受损伤。每层涂膜的厚度视需要而定，施工时可涂刷一遍或多遍。常用的管道和设备表面涂漆方法有涂刷法、空气喷涂、静电喷涂和高压喷涂等。

（1）涂刷法

涂刷法主要是指手工涂刷。这种方法操作简单，适应性强，可用于各种漆料的施工。但人工涂刷方法效率低，并且涂刷的质量受操作者技术水平的影响较大。手工涂刷应自上而下，从左至右，先里后外，先斜后直，先难后易，漆层厚薄均匀一致，无漏刷处。

（2）空气喷涂

空气喷涂所用的工具为喷枪，如图 6-3 所示。其原理是压缩空气通过喷嘴时产生高速气流，将贮漆罐内漆液引射混合成雾状，喷涂于物体的表面。这种方法的特点是漆膜厚薄均匀、表面平整，涂膜效率高。只要调整好油漆的黏度和压缩空气的工作压力，并保持喷嘴距被涂物表面一定的距离和一定的移动速度，均能达到满意的效果。

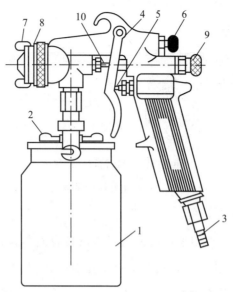

1—漆罐；2—轧兰螺丝；3—空气接头；4—扳机；5—空气阀杆；

6—控制阀；7—空气喷嘴；8—螺帽；9—螺栓；10—针塞。

图 6-3　油漆喷枪

喷枪所用的空气压力一般为 0.2 MPa～0.4 MPa。喷嘴距被涂物件的距离，视被涂物件的形状而定：如被涂物件表面为平面，一般在 250～350 mm 为宜；如被涂物件表面为圆弧面，一般在 400 mm 左右为宜。喷嘴移动的速度一般为 10～15 m/min。空气喷涂的涂膜较薄，往往需要喷涂几次才能达到需要的厚度。为提高一次喷涂的涂膜厚度、减少稀释剂的消耗量、提高工作效率，可采用热喷涂施工。热喷涂施工就是将油漆加热，用提高油漆温度的方法来代替稀释剂使油漆的黏度降低，以满足喷涂的需要。油漆加热温度一般为 70 ℃。采用热喷涂法比一般空气喷除法可省 2/3 左右的稀释剂，并提高近一倍的工作效率，同时还能改变涂膜的流平性。

为保证施工质量，均要求被涂物表面清洁干燥，并避免在低温和潮湿环境下工作。当气温低于 5 ℃时，应采取适当的防冻措施。需要多道涂刷时，必须在上一道涂膜干燥后，方可涂刷第二道。

（3）高压喷涂

高压喷涂是将经加压的涂料由高压喷枪剧烈膨胀并雾化成极细漆粒喷涂到构件上。由于漆膜内没有压缩空气混入而带进的水分和杂质等，漆膜质量较空气喷涂高，同时由于涂料是扩容喷涂，提高了涂料黏度，雾粒散失少，也减少了溶剂用量。

（4）静电喷涂

静电喷涂是使由喷枪喷出油漆雾粒细化在静电发生器产生的高压电场中而带负电，带电涂料微粒在静电力的作用下被吸引贴覆在异性带电荷的构件上。由于飞散量减少，这种喷涂方法较空气喷涂可节约 40%～60%涂料。

2.涂刷的施工程序及要求

涂装的施工程序一般分为涂底漆或防锈漆、涂面漆、罩光漆 3 个步骤。底漆或防锈漆直接涂在管道或设备表面,一般涂 1～2 道,每层不能涂太厚,以免起皱和影响干燥。若发现有不干、起皱、流挂或露底现象,要进行修补或重新涂刷。面漆一般涂刷调和漆或瓷漆,漆层要求薄而均匀,无保温的管道涂刷 1 道调和漆,有保温的管道涂刷 2 道调和漆。罩光漆层一般由一定比例的清漆和瓷漆混合后涂刷 1 道。除设计有特殊要求外,应按下列规定进行:

对于室内明装管道、暗装管道:①明装镀锌钢管刷银粉漆 1 道或不刷漆;②明装黑铁管及其支架和散热器刷红丹底漆 1 道,刷银粉漆 2 道;③暗装黑铁管刷红丹底漆 2 道;④潮湿房间(如浴室、蒸煮间等)内明装黑铁管及其支架和散热器等均刷红丹底漆 2 道,刷银粉面漆 2 道;⑤对明装各种水箱及设备刷红丹底漆 2 道,刷面漆 2 道。

对于室外管道:①明装室外管道,刷底漆或防锈漆 1 道,再刷面漆 2 道;②装在通行和半通行地沟里的管道,刷防锈漆 2 道,再刷面漆 2 道。

6.1.3　埋地管道的防腐

埋地管道的腐蚀是由于土壤的酸性、碱性、潮湿、空气渗透及地下杂散电流的作用等因素所引起的,其中主要是电化学作用。防止腐蚀的方法主要是采用沥青涂料。

埋地铺设的管道主要有铸铁管和碳钢管两种,铸铁管只需涂刷 1～2 道沥青漆或热沥青即可,而碳钢管由于腐蚀因素多,因此必须在钢管外壁采取特殊的防腐措施。

1.沥青

沥青是一种有机胶结构,主要成分是复杂的高分子烃类混合物及含硫、含氮的衍生物。它具有良好的黏结性、不透水性和不导电性,能抵抗稀酸、稀碱、盐、水和土壤的浸蚀,但不耐氧化剂和有机溶液的腐蚀,耐气候性也不强。它价格低廉,是地下管道最主要的防腐涂料。

(1)沥青的分类

沥青有两大类:地沥青(石油沥青)和煤沥青。

石油沥青有天然石油沥青和炼油沥青之分。天然石油沥青在石油产地天然存在或从含有沥青的岩石中提炼而得;炼油沥青则是在提炼石油时得到的残渣,经过继续蒸馏或氧化后而得。根据我国现行的石油沥青分类标准,石油沥青分为道路石油沥青、建筑石油沥青和普通石油沥青 3 类。在防腐工程中,一般采用建筑石油沥青和普通石油沥青。

煤沥青又称煤焦油沥青、柏油,是指由烟煤炼制焦炭或制取煤气时干馏所挥发的物质中冷凝出来的黑色黏性液体,经进一步蒸馏加工提炼后所剩的残渣。煤沥青对温度变化敏感,软化点低,低温时性脆。其最大的缺点是有毒,因此一般不直接用于工程防腐。

(2)沥青的性质

沥青的性质是用针入度、伸长度、软化点等指标来表示的。针入度反映沥青软硬稀稠程度:针入度越小,沥青越硬,稠度就越大,施工就越不方便,老化就越快,耐久性就越差。伸长度反映沥青的塑性:伸长度越大,塑性越好,越不易脆裂。软化点表示固体沥青熔化时的温度:软化点越低,固体沥青熔化时的温度就越低。防腐沥青要求的软化点应根据管道的工作温度而定,软化点太高,施工时不易熔化;软化点太低,则热稳定性差。一般情况下,沥青的软化点应比管道最高工作温度高 40 ℃以上为宜。

2.防腐层结构及施工方法

由前述可知,埋地管道腐蚀的强弱主要取决于土壤的性质。根据土壤腐蚀性质的不同,可将防腐层结构分为 3 种类型:普通防腐层、加强防腐层和特加强防腐层,其结构见表 6-1 所列。普通防腐层适用于腐蚀性轻微的土壤,加强防腐层适用于腐蚀性较剧烈的土壤,特加强防腐层适用于腐蚀性极为剧烈的土壤。

表 6-1　埋地管道防腐层结构

防腐层层次(从金属表面起)	普通防腐层	加强防腐层	特加强防腐层
1	沥青底漆	沥青底漆	沥青底漆
2	沥青涂层	沥青涂层	沥青涂层
3	外包保护层	加强包扎层	加强包扎层
4	—	沥青涂层	沥青涂层
5	—	外包保护层	加强包扎层
6	—	—	沥青涂层
7	—	—	外包保护层

目前各种埋地管道的防腐层主要有:石油沥青防腐层、环氧煤沥青防腐层、聚乙烯胶松节防腐层、塑料防腐层等。这里主要介绍石油沥青防腐层及施工方法,主要步骤如下。

(1)刷冷底子油

在钢管表面涂沥青之前,为增加钢管和沥青的粘结力,应刷一层冷底子油。冷底子油是用沥青 30 甲、30 乙或 10 号建筑石油沥青,也可用 65 号普通石油沥青,汽油采用无铅汽油,沥青和汽油的配比(体积比)为 1:(2.25~2.5)。调配时先将沥青加热至 170~220 ℃进行脱水,然后再降温至 70~80 ℃,再将沥青慢慢地倒入按上述配比备好的汽油容器中,一边倒一边搅拌,严禁把汽油倒入沥青中。

施工时,冷底子油应涂刷在洁净、干燥的管子表面上,涂刷要均匀,无空气、气泡、混凝土、滴落和流痕等缺陷,表面不得有油污和灰尘,涂抹厚度一般为 0.1~0.2 mm。

（2）浇涂热沥青

用于防腐的石油沥青，一般采用建筑石油沥青或改性石油沥青。熬制前，宜将沥青破碎成粒径为 100～200 mm 的块状，并清除纸屑、泥土等杂物。熬制开始时，应缓慢加热，熬制温度控制在 230 ℃左右，最高不超过 250 ℃，熬制中应经常搅拌，并清除熔化沥青面上的漂浮物。每锅沥青的熬制时间宜控制在 4～5 h。

施工时，底漆（冷底子油）干燥后，方可浇涂热沥青。沥青的浇涂温度为 200～220 ℃，浇涂时最低温度不得低于 180 ℃，若环境温度高于 30 ℃，则允许沥青降低至150 ℃，浇涂时不得落入杂物，不得有气孔、裂纹、凸瘤等缺陷。每层沥青的浇涂厚度为1.5～2 mm。

（3）缠玻璃丝布

玻璃丝布为沥青防腐层中间加强包扎材料，其作用是提高防腐层的强度整体性和热稳定性。

施工时，浇涂热沥青后，应立即缠玻璃丝布。玻璃丝布必须干燥、清洁，缠绕时应紧密无皱褶，搭接应均匀，搭接宽度为 30～50 mm。玻璃丝布的沥青渗透率应达 95% 以上。

（4）包聚氯乙烯工业膜

通常在沥青防腐层的最外边还包一层透明的聚氯乙烯薄膜，其作用是增强防腐性能，通常规格为厚度 0.2 mm，宽度比玻璃丝布宽 10～15 mm。施工时，待沥青层冷却到100 ℃以下时，方可包扎聚氯乙烯工业膜外保护层，包扎时应紧密适宜，无皱褶、脱壳等现象。搭接应均匀，搭接宽度为 30～50 mm。

当管道的特殊防腐层为集中预制时，在单根管子两端应留出逐层收缩成 80～100 mm 的阶梯形接茬，并将接茬处封好以防污染，待管道连接并试压合格后，补做加强或特加强防腐层接头。补做的防腐层应不降低质量要求，并应注意使接头处无粗细不均匀的缺陷。

沥青防腐层的施工，宜在环境温度高于 5 ℃的常温下进行。当管子表面结有冰霜时，应先将管子加热干燥后，才能进行防腐层施工。当温度降到 -5 ℃以下时，应采取冬季施工措施，严禁在雨、雾、风、雪中进行防腐层的施工。

防腐层的厚度应符合设计要求，一般普通防腐层的厚度不应小于 3 mm，加强防腐层的厚度不应小于 5 mm，特加强防腐层的厚度不应小于 9 mm。

6.2　管道及设备的保温

保温又称绝热，是减少系统热量向外传递（保温）和外部热量传入系统（保冷）而采取的一种工艺措施。

绝热包括保温和保冷。保冷和保温是不同的,保冷的要求比保温高。这不仅是因为冷损失比热损失代价高,更主要的原因是保冷结构的热传递方向是由外向内。在传热过程中,保冷结构内外壁之间的温度差导致保冷结构内外壁之间的水蒸气存在分压力差。因此,大气中的水蒸气在分压力差的作用下随热流一起渗入绝热材料内,并在其内部产生凝结水或结冰现象,导致绝热材料的导热系数增大、结构开裂。对于有些有机材料,还将因受潮而发霉腐烂,以致材料完全被损坏。系统的温度越低,水蒸气的渗透性就越强。为防止水蒸气的渗入,保冷结构的绝热层外必须设置防潮层。而保温结构在一般情况下是不设置防潮层的。这就是保温结构与保冷结构的不同之处。虽然保温和保冷有所不同,但往往并不严格区分,习惯上统称为保温。

6.2.1 对保温材料的要求及保温材料的选用

保温材料的导热系数应该小而且随温度变化小。根据导热系数(K)的大小,将保温材料分为四级:一级,$K < 0.08$ W/(m·K);二级 $0.08 < K < 0.116$ W/(m·K);三级,$0.116 < K < 0.174$ W/(m·K);四级,$0.174 < K < 0.209$ W/(m·K)。

理想的保温材料除导热系数小外,还应当具备重量轻、有一定机械强度、吸湿率低、抗水蒸气渗透性强、耐热、不燃、无毒、无臭味、不腐蚀金属、能避免鼠咬虫蛀、不易霉烂、经久耐用、施工方便、价格低廉等特点。

在实际工程中,一种材料全部满足上述要求是很困难的,这就需要根据具体情况具体分析,抓主要矛盾,选择最有利的保温材料。例如,低温系统应首先考虑保温材料的容重轻、导热系数小、吸湿率小等特点;高温系统则应着重考虑材料在高温下的热稳定性。在大型工程项目中,保温材料的需要量和品种、规格都较多,还应考虑材料的价格、货源,尽量减少品种、规格等。品种和规格多会给采购、存放、使用、维修管理等带来很多麻烦。对于在运行中有振动的管道或设备,宜选用强度较好的保温材料及管壳,以免长期受振使材料破碎。对于间歇运行的系统,还应考虑选用热容量小的材料。

目前,保温材料的种类很多,比较常用的保温材料有岩棉、玻璃棉、矿渣棉、珍珠岩、硅藻土、石棉、水泥蛭石、碳化软木、聚苯乙烯泡沫塑料、聚氨酯泡沫塑料、泡沫玻璃、泡沫石棉、铝箔、不锈钢箔等。各厂家生产的同一保温材料的性能均有所不同,选用时应按照厂家的产品样本或使用说明书中所给的技术数据选用。

6.2.2 保温结构的组成及作用

保温结构一般由防锈层、保温层、防潮层(对保冷结构而言)、保护层、防腐蚀及识别标志等构成。

防锈层所用的材料为防锈漆等涂料,它直接涂刷于清洁干燥的管道或设备的外表面。无论是保温结构或是保冷结构,其内部总有一定的水分存在,因为保温材料在施工前不可能绝对干燥,而且在使用(包括运行或停止运行)过程中,空气中的水蒸气也会进入保温材料中。金属表面受潮湿后会生锈腐蚀,因此,管道或设备在进行保温之前,必须在表面涂刷防锈漆,这对保冷结构尤为重要。保冷结构可选择沥青冷底子油或其他防锈力强的材料作为防锈层。

保温层在防锈层的外面,是保温结构的主要部分,所用材料如前所述,其作用是减少管道或设备与外部的热量传递,起保温保冷作用。

在保温层外面对保冷结构,要做防潮层。目前防潮层所用的材料有沥青及沥青油毡、玻璃丝布、聚乙烯薄膜、铝箔等。防潮层的作用是防止水蒸气或雨水渗入保温材料,以保证材料良好的保温效果和使用寿命。

保护层设在保温层或防潮层外面,主要是保护保温层或防潮层不受机械损伤。保护层常用的材料有石棉石膏、石棉水泥、金属薄板及玻璃丝布等。

保温结构的最外面为防腐蚀及识别标志层,防止或保护保护层不被腐蚀,一般采用耐气候性较强的油漆直接涂刷于保护层上。因这一层处于保温结构的最外层,为区分管道内的不同介质,常采用不同颜色的油漆涂刷,所以防腐层同时也起识别管内流动介质的作用。

6.2.3　保温结构的施工

从上面的保温结构各层中看出,其中的防锈层和防腐蚀及识别层所用材料为油漆等涂料,其施工方法已在上一节叙述,本处不再重复。下面将保温层、防潮层、保护层的施工方法分别加以阐述。

1.保温层的施工

(1)技术要求

对保温层施工的技术要求如下。

①凡垂直管道或倾斜角度超过45°,长度超过 5 m 的管道,应根据保温材料的密度及抗压强度,设置不同数量的支撑环(或托盘),一般 3～5 m 设置一道,其形式如图 6-4 所示。图中径向尺寸 A 为保温层厚度的 1/2～3/4,以便将保温层托住。

②用保温瓦或保温后呈硬质的材料作为热力管道的保温时,应每隔 5～7 m 留出间隙为 5 mm 的膨胀缝,弯头处留 20～30 mm 的膨胀缝。膨胀缝内应用柔性材料填塞。设有支撑环的管道,膨胀缝一般设置在支撑环的下部。

③管道的弯头部分,当采用硬质材料保温时,如果没有成型预制品,应将预制板、管壳、弧形块等切割成虾米弯进行小块拼装,如图 6-5 所示。切块的多少应视弯头弯曲的缓

急而定,最少不得少于 3 块。

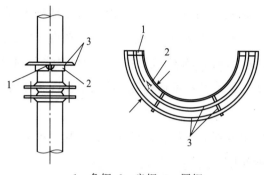
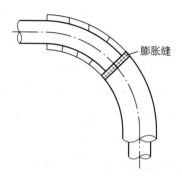

1—角钢;2—扁钢;3—圆钢。

图 6-4　包箍式支撑环　　　　　　　图 6-5　硬质材料弯头的保温

(2)保温方法

保温层的施工方法主要取决于保温材料的形状和特性,常用的保温方法有以下几种形式。

①涂抹法保温。

涂抹法保温适用于石棉粉、硅藻土等不定形的散状材料,将其按一定的比例用水调成胶泥,涂抹于需要保温的管道设备上。这种保温方法整体性好,保温层和保温面结合紧密,且不受被保温物体形状的限制。

涂抹法多用于热力管道和热力设备的保温,其结构如图 6-6 所示。施工时应分多次进行,为增加胶泥与管壁的附着力,第一次可用较稀的胶泥涂抹,厚度为 3～5 mm,待第一层彻底干燥后,用干一些的胶泥涂抹第二层,厚度为 10～15 mm,以后每层为 15～25 mm,均应在前一层完全干燥后进行,直到要求的厚度为止。

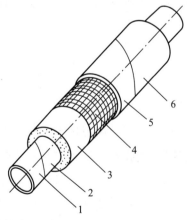

1—管道;2—防锈漆;3—保温层;4—铁丝网;5—保护层;6—防腐漆。

图 6-6　涂抹法保温结构

涂抹法不得在环境温度低于 0 ℃ 的情况下施工,以防胶泥冻结。为加快胶泥的干燥速度,可在管道或设备内通入温度不高于 150 ℃ 的热水或蒸汽。

②绑扎法保温。

绑扎法适用于预制保温瓦或板块料,用镀锌铁丝绑扎在管道的壁面上,这是目前国内外热力管道保温最常用的一种保温方法,其结构如图 6-7 所示。

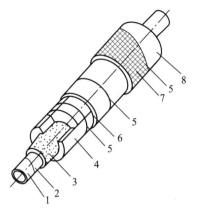

1—管道;2—防锈漆;3—胶泥;4—保温材料;5—镀锌铁丝;

6—沥青油毡;7—玻璃丝布;8—防腐漆。

图 6-7　绑扎法保温结构

为使保温材料与管壁紧密结合,保温材料与管壁之间应涂抹一层石棉粉或石棉硅藻土胶泥(一般为 3~5 mm 厚),然后再将保温材料绑扎在管壁上。对于矿渣棉、玻璃棉、岩棉等矿纤材料预制品,因抗水湿性能差,可不涂袜胶泥直接绑扎。

绑扎保温材料时,应将横向接缝错开,如果一层预制品不能满足要求而采用双层结构时,双层绑扎的保温预制品应内外盖缝。如保温材料为管壳,应将纵向接缝设置在管道的两侧。非矿纤材料制品(矿纤材料制品采用干接缝)的所有接缝均应用石棉粉、石棉硅藻土或与保温材料性能相近的材料配成胶泥填塞,绑扎保温材料时,应尽量减小两块之间的接缝。制冷管道及设备采用硬质或半硬质隔热层管壳,管壳之间的缝隙不应大于 2 mm,并用黏结材料将缝填满。采用双层结构时,第一层表面必须平整,不平整时,矿纤材料用同类纤维状材料填平,其他材料用胶泥抹平,第一层表面平整后方可进行下一层保温。

绑扎的铁丝,根据保温管直径的大小一般为 1~1.2 mm,绑扎的间距不应超过 300 mm。并且每块预制品至少应绑扎两处,每处绑扎的铁丝不应少于两圈。其接头应放在预制品的接头处,以便待接头嵌入接缝内。

③粘贴法保温。

粘贴法保温亦适用于各种保温材料加工成型的预制品,它靠黏结剂与被保温的物体固定,多用于空调系统及制冷系统的保温,其结构如图 6-8 所示。

选用黏结剂时,应符合保温材料的特性,并且价格低廉、采购方便。目前,大部分材料都可用石油沥青玛蹄脂作为黏结剂。其制备方法和使用要求已在上一节叙述。对于聚苯乙烯泡沫塑料制品,要求使用温度不超过 80 ℃,温度过高,材料会受到破坏,故不能用热沥青或沥青玛蹄脂作为黏结剂。可选用聚氨酯预聚体(即 101 胶)或醋酸乙烯乳胶、酚醛树脂、环氧树脂等材料作为黏结剂;也可采用冷石油沥青玛蹄脂作为黏结剂,但由于受到使用温度的限制,其黏结质量较差。

涂刷黏结剂时,要求粘贴面及四周接缝上各处黏结剂均匀饱满。粘贴保温材料时,应将接缝相互错开,错缝的方法及要求与绑扎法保温相同。

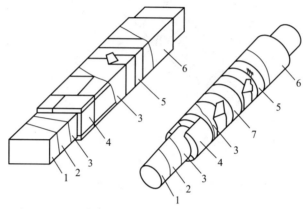

1—风管(水管);2—防锈漆;3—黏结剂;4—保温材料;5—玻璃丝布;6—防腐漆;7—聚氯乙烯薄膜。

图 6-8 粘贴保温结构

④钉贴法保温。

钉贴法保温是矩形风管采用得较多的一种保温方式,它用保温钉代替黏结剂将泡沫塑料保温板固定在风管表面上。这种方法操作简便、工效高。

使用的保温钉形式较多,有铁质的,有尼龙的,有用一般垫片的,有用自锁垫片的,以及用白铁皮现场制作的等,如图 6-9 所示。

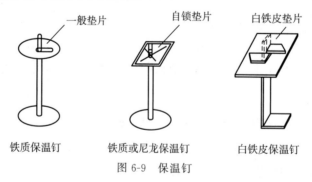

图 6-9 保温钉

施工时,先用黏结剂将保温钉粘贴在风管表面上。粘贴的间距为:顶面每平方米不少于 4 个;侧面每平方米不少于 6 个;底面每平方米不少于 12 个。保温钉粘上后,只要用手或木方轻轻拍打保温板,保温钉便穿过保温板而露出,然后套上垫片,将外露部分扳倒(自锁垫片压紧即可),即将保温板固定,其结构如图 6-10 所示。这种方法的最大特点是省去了黏结剂。为了使保温板牢固地固定在风管上,外表也应用镀锌铁皮带或尼龙带包扎。

⑤风管内保温。

风管内保温就是将保温材料置于风管的内表面,用黏结剂和保温钉将其固定,是粘贴法和钉贴法联合使用的一种保温方法。其目的是加强保温材料与风管的结合力,以防止保温材料在风力的作用下脱落,其结构如图 6-11 所示。

风管内保温是近几年从国外引进的一种保温工艺,主要用于高层建筑因空间狭窄不便安装消声器,而对噪声要求又较高的大型舒适性空调系统上作消声之用。这种保温方法有良好的消声作用,并能防止风管外表面结露。另外,保温在加工厂内进行,保温好后再运至现场安装,这样既保证了保温质量,又实现了装配化施工,提高了安装进度。但采用内保温减小了风管的有效断面,大大增加了系统的阻力,因此增加了铁板的消耗量和系统日后的运行费用。另外,系统容易积尘,对保温的质量要求也较高,并且不便于进行保温操作。因此,这种方法一般适用在需要进行消声的场合。

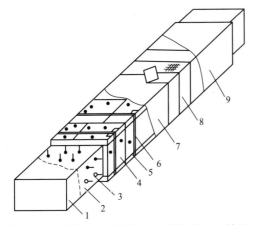

1—管道;2—防锈漆;3—保温钉;4—保温板;5—铁垫片;
6—包扎带;7—粘结剂;8—玻璃丝棉;9—防腐漆。

图 6-10　钉贴法保温结构

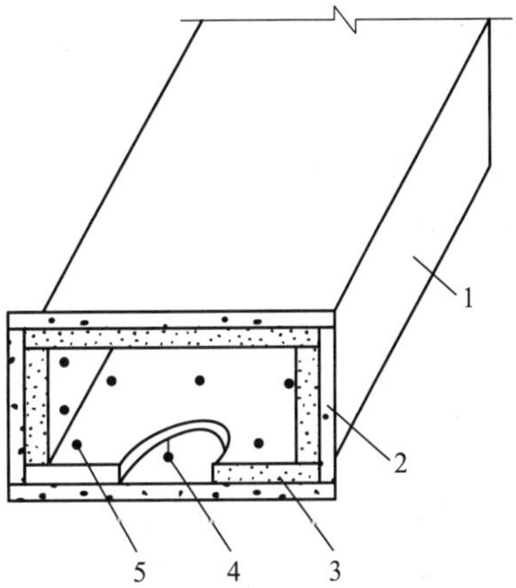

1—风管;2—法兰;3—保温棉毡;
4—保温钉;5—垫片。

图 6-11　风管内保温

风管内保温一般采用毡状材料(如玻璃棉毡),为防止棉毡在风力作用下起层吹成细小物近入房间,污染室内空气和减少系统的阻力,多在棉毡上涂一层胶质保护层。保温时,先将棉毡裁成块状,注意尺寸的准确性,不能过大,也不能过小。过大会使保温材料凸起,与风管表面贴合不紧密;过小又不能使两块保温材料接紧,造成大的缝隙,容易被风吹开。一般应略有一点余量为宜。粘贴保温材料前,应先除去风管粘贴面上的灰尘、污物,然后将保温钉刷上黏结剂,按要求的间距(其间距可参照钉贴法保温部分)粘贴在风管内表面上;待保温钉粘贴固定后,再在风管内表面上满刷一层黏结剂后迅速将保温材料铺贴上,注意不要碰倒保温钉,最后将垫片套上。如系白锁垫片,套上压紧即成,如系一般垫片,套上压紧后将保温钉外露部分扳倒即成。

内保温的四角搭接处,应小块顶大块,以防止上面一块面积过大下垂。棉毡上的一层胶质保护层很脆,施工时注意不能损坏。管口及所有接缝处都应刷上黏结剂密封。

⑥聚氨酯硬质泡沫塑料的保温。

聚氨酯硬质泡沫塑料由聚醚和多元异氰酸酯加催化剂、发泡剂、稳定剂等原料按比例调配而成。施工时,应将这些原料分成 A、B 两组,A 组为聚醚和其他原料的混合液,B 组为异氰酸酯。只要两组混合在一起即起泡而生成泡沫塑料。

聚氨酯硬质泡沫塑料一般采用现场发泡,其施工方法有喷涂法和灌注法两种。喷涂法施工就是用喷枪将混合均匀的液料喷涂于被保温物体的表面上。为避免垂直壁面喷涂时液料下滴,要求发泡的时间要快一点。灌注法施工就是将混合均匀的液料直接灌注于需要成型的空间或事先安置的模具内,经发泡膨胀而充满整个空间。为保证有足够的操作时间,要求发泡的时间应慢一些。

在同一温度下,发泡的快慢主要取决于原料的配方。各生产厂的配方均有所不同,施工时应按原料供应厂提供的配方及操作规程等技术文件资料进行施工。为防止配方或操作的错误使原料报废,应先进行试喷(灌),以掌握正确的配方和施工操作方法。在有了可靠的保证之后,方可正式喷(灌)。

聚氨酯硬质泡沫塑料的保温操作注意事项如下:聚氨酯硬质泡沫塑料不宜在气温低于 5 ℃的情况下施工,否则应对液料加热,其温度在 20~30 ℃为宜;被涂物表面应清洁干燥,可以不涂防锈层。为便于喷涂和灌注后清洗工具和脱取模具,在施工前可在工具和模具的内表面涂上一层油脂。调配聚醚混合液时,应随用随调,不宜隔夜,以防原料失效。异氰酸酯及其催化剂等原料,均系有毒物质,操作时应戴上防毒面具、防毒口罩、防护眼镜、橡皮手套等防护用品,以免中毒和影响健康。

聚氨酯硬质泡沫塑料现场发泡工艺简单、操作方便、施工效率高,其附着力强,不需要任何支撑件,没有接缝,导热系数小,吸湿率低,可用于 -100~+120 ℃的保温。其缺点是异氰酸酯及催化剂有毒,对上呼吸道、眼睛和皮肤有强烈的刺激作用;另外,施工时需要一定的专用工具或模具,价格较贵。以上原因,使得聚氨酯硬质泡沫塑料的使用受到一定的限制,这些问题有待进一步研究解决后才能广泛采用这种塑料。

⑦缠包法保温。

缠包法保温适用于卷状的软质保温材料(如各种棉毡等)。施工时需要将成卷的材料根据管径的大小剪裁成适当宽度(200~300 mm)的条带,以螺旋状缠绕到管道上,其结构如图 6-12(a)所示。也可以根据管道的圆周长度进行剪裁,以原幅宽对缝平包到管道上,其结构如图 6-12(b)所示。不管采用哪种方法,均需边缠边压边抽紧,使保温后的密度达到设计要求。一般矿渣棉毡缠包后的密度不应小于 150~200 kg/m³,玻璃棉毡缠包后的密度不应小于 130~100 kg/m³,超细玻璃棉毡缠包后的密度不应小于 40~60 kg/m³。

如果棉毡的厚度达不到规定的要求,可采用两层或多层缠包。缠包时接缝应紧密结合,如有缝隙,应用同等材料填塞。采用多层缠包时,第二层应仔细压缝。

保温层外径不大于 500 mm 时,在保温层外面用直径为 1.0~1.2 mm 的镀锌铁丝绑扎,间距为 150~200 mm,禁止以螺旋状连续缠绕。当保温层外径大于 500 mm 时,还应加镀锌铁丝网缠包,再用镀锌铁丝绑扎牢。

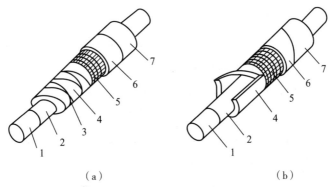

（a）　　　　　　　　　　（b）

1—管道;2—防锈漆;3—镀锌铁丝;4—保温毡;5—铁丝网;6—保护层;7—防腐漆。

图 6-12　缠包法保温结构

⑧套筒式保温。

套筒式保温就是将用矿纤材料加工成型的保温筒直接套在管道上。这种方法施工简单、工效高,是目前冷水管道较常用的一种保温方法。施工时,只要将保温筒上的轴向切口扒开,借助矿纤材料的弹性便可将保温筒紧紧地套在管道上。为便于现场施工,在生产厂时,多在保温筒的外表面涂上一层胶状保护层,因此,在一般室内管道保温时,可不再设保护层。对于保温筒的轴向切口和两筒之间的横向接口,可用带胶铝箔粘合,其结构如图 6-13 所示。

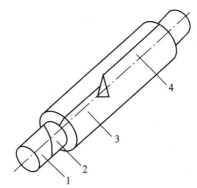

1—管道;2—防锈漆;3—保温筒;4—带胶铝箔带。

图 6-13　套筒式保温结构

2.防潮层的施工

对于保冷结构和敷设于室外的保温管道,需设置防潮层。目前可做防潮层的材料有两种:一种是以沥青为主的防潮材料,另一种是聚乙烯薄膜防潮材料。

以沥青为主体材料的防潮层有两种结构和施工方法：一种是用沥青或沥青玛蹄脂粘沥青油毡；一种是以玻璃丝布做胎料，两面涂刷沥青或沥青玛蹄脂。沥青油毡因其过分卷折会断裂，只能用于平面或较大直径管道的防潮。而玻璃丝布能用于任意形状的粘贴，故应用广泛。

用聚乙烯薄膜做防潮层是直接将薄膜用黏结剂粘贴在保温层的表面，施工方便，但由于黏结剂价格较贵，此法应用尚不广泛。

以沥青为主的防潮材料的防潮层施工是先将材料剪裁下来，对于油毡，多采用单块包裹法施工，因此油毡剪裁的长度为保温层外圆加搭接宽度（一般为 30～50 mm）、对于玻璃丝布，一般采用包缠法施工，即以螺旋状包缠于管道或设备的保温层外面，因此需将玻璃丝布剪成条带状，其宽度视保温层直径的大小而定。

包缠防潮层时，应自下而上进行，先在保温层上涂刷一层 1.5～2 mm 的沥青或沥青玛蹄脂（如果采用的保温材料不易涂上沥青或沥青玛蹄脂，可光在保温层上包缠一层玻璃丝布，然后再行涂刷），再将油毡或玻璃丝布包缠到保温层的外面。纵向接缝应设在管道的侧面，并且接口向下，接缝用沥青或沥青玛蹄脂封口，外面再用镀锌铁丝绑扎，间距为 250～300 mm，铁丝接头应接平，不得刺破防潮层。缠包玻璃丝布时，搭接宽度为 10～20 mm，缠包时应边缠边拉紧边整平，缠至布头时用镀锌铁丝扎紧。油毡或玻璃丝布包缠好后，最后在上面刷一层 2～3 mm 厚的沥青或沥青玛蹄脂。

3. 保护层的施工

不管是保温结构还是保冷结构，都应设置保护层。用作保护层的材料很多，使用时应随使用地点和所处条件，经技术、经济比较后决定。材料不同，其结构和施工方法亦不同，保护层常用的材料和形式有沥青油毡和玻璃丝布构成的保护层，单独用玻璃丝布缠包的保护层，石棉石膏及石棉水泥保护层，金属薄板加工的保护壳等。

现将上述几种材料和结构形式的保护层施工方法及使用场合阐述如下。

（1）沥青油毡和玻璃丝布构成的保护层

先将沥青油毡按保温层或加上防潮层厚度加搭接长度（搭接长度一般为 50 mm）剪裁成块状，然后将油毡包裹到管道上，外面用镀锌铁丝绑扎，其间距为 250～300 mm。包裹油毡时，应自下而上地进行，油毡的纵横向搭接长度为 50 mm，纵向接缝应用沥青或沥青玛蹄脂封口，纵向接缝应设在管道的侧面，并且接口向下。油毡包裹在管道上后，将购置的或裁下来的带状玻璃丝布以螺旋状缠包到油毡的外面。每圈搭接的宽度为条带的 1/2～1/3，开头处应缠包两圈后再以螺旋状向前缠包，起点和终点都应用镀锌铁丝绑扎，并不得少于两圈。缠包后的玻璃丝布应平整，无皱纹、气泡，并松紧适当。

油毡和玻璃丝布构成的保护层一般用于室外敷设的管道，玻璃丝布表面根据需要还应涂刷一层耐气候变化的涂料。

（2）单独用玻璃丝布缠包的保护层

单独用玻璃丝布缠包于保温层或防潮层外面作为保护层的施工方法同前。多用于室内不易碰撞的管道。对于未设防潮层而又处于潮湿空气中的管道，为防止保温材料受潮，可先在保温层上涂刷一层沥青或沥青玛蹄脂，然后再将玻璃丝布缠包在管道上。

（3）石棉石膏及石棉水泥保护层

石棉石膏及石棉水泥保护层的施工方法为涂抹法。施工时先将石棉石膏或石棉水泥按一定的比例用水调配成胶泥，如保温层（或防潮层）的外径小于 200 mm，则将调配的胶泥直接涂抹在保温层或防潮层上；如果保温层或防潮层外径大于或等于 200 mm，还应在保温层或防潮层外先用镀锌铁丝网包裹加强，并用镀锌铁丝将网的纵向接缝处缝合拉紧，然后将胶泥涂抹在镀锌铁丝网的外面。当保温层或防潮层的外径小于或等于 500 mm 时，保护层的厚度为 10 mm；大于 500 mm 时，厚度为 15 mm。

涂抹保护层时，一般分两次进行：第一次粗抹，第二次精抹。粗抹厚度为设计厚度的 1/3 左右，胶泥可干一些；待初抹的胶泥凝固稍干后，再进行第二次精抹，精抹的胶泥应适当稀一些。精抹必须保证厚度符合设计要求，并且表面光滑平整，不得有明显的裂纹。石棉石膏或石棉水泥保护层一般用于室外及有防火要求的非矿纤材料保温的管道。为防止保护层在冷热应力的影响下产生裂缝，可在趁第二遍涂抹的胶泥未干时将玻璃丝布以螺旋状在保护层上缠包一遍，搭接的宽度可为 10 mm。保护层干后则玻璃丝布与胶泥结成一体。

（4）金属薄板保护壳

可作为保温结构保护壳的金属薄板一般为白铁皮和黑铁皮。保护壳厚度根据保护层直径而定，一般直径小于或等于 1000 mm 时，厚度为 0.5 mm；直径大于 1000 mm 时，厚度为 0.8 mm。

金属薄板保护层应事先根据使用对象的形状和连接方式用手工或机械加工好，然后才能安装到保温层或防潮层表面。

金属薄板加工成保护壳后，凡用黑铁皮制作的保护壳应先在内外表面涂刷一层防锈漆后，方可进行安装。安装保护壳时，应将其紧贴在保温层或防潮层上，纵横向接口搭接量一般为 30～40 mm，所有接缝必须有利雨水的排除，纵向接缝应尽量在背视线一侧，接缝一般用自攻螺丝固定，其间距为 200 mm 左右。用自攻螺丝固定时，应先用手提式电钻用 0.8 倍螺丝直径的钻头钻孔，禁止用冲孔或其他方式打孔。安装有防潮层的金属保护壳时，则不能用自攻螺丝固定，可用镀锌铁皮带包扎固定，以防止自攻螺丝刺破防潮层。

金属保护壳因其价格较贵，并耗用钢材，仅用于部分室外管道（如室外风管）、室内容易碰撞的管道，以及有防火、美观等特殊要求的地方。

6.2.4　管道涂色标识

为方便管理、操作与维护工作,常将管道表面或防腐层、绝热管道的保护层表面涂以不同颜色的底色、色环和箭头,以区别管道内流动介质的种类和流动方向。管道涂色规定见表 6-2 所列。公称直径小于 150 mm 的管道,色环宽度为 30 mm,间距为 1.5～2 m;公称直径为 150～300 mm 的管道,色环宽度为 50 mm,间距为 2～2.5 m;公称直径大于 300 mm 的管道,色环的宽度、间距可适当加大。用箭头表明介质流动方向。当介质有两个方向流动可能时,应标出双向流动箭头。箭头一般涂成白色或黄色,在浅底的情况下,也可将箭头徐成红色或其他颜色,以指示鲜明。

管道支架如设计未明确可一律涂成灰色。

表 6-2　管道涂色规定

管道名称	颜色		管道名称	颜色	
	底色	色环		底色	色环
过热蒸汽管	红	黄	液化石油气管	黄	绿
饱和蒸汽管	红	—	压缩空气管	浅蓝	—
废气管	红	绿	净化压缩空气管	浅蓝	黄
凝结水管	绿	红	乙炔管	白	—
余压凝结水管	绿	白	氧气管	深蓝	—
热力网返回水管	绿	褐	氮气管	棕色	—
热力网输出水管	绿	黄	氢气管	白	红
疏水管	绿	黑	油管	棕色	—
高热值煤气管	黄	—	排气管	绿	蓝
低热值煤气管	黄	褐	天然气管	黄	黑
生活饮用水管	蓝	—	—	—	—

学 习 小 结

本章主要介绍了建筑环境与能源系统中管道及设备的防腐与保温的工艺流程和施工注意事项等内容,旨在培养学生尊重规范和图纸、遵守操作规程和符合质量标准的意识,以及以保证整个工程达到"全优工程"的工匠精神;同时培养学生动手实践、问题处理和施工组织管理的能力;使学生具备建筑环境与能源系统中管道及设备的防腐与保温的劳动实践能力和实际防腐保温工程的美学鉴赏能力。

知 识 网 络

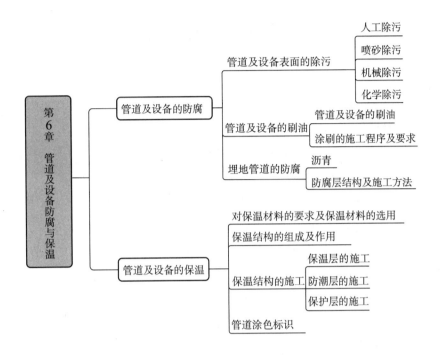

思 考 题

1. 管道及设备的防腐与保温在建筑环境劳动实践中的意义和作用是什么？

2. 管道及设备的防腐都包括哪些施工程序？每种施工程序的要求是什么？

3. 管道及设备的保温都包括哪些施工程序？每种施工程序的要求是什么？

4. 保温与保冷有什么区别？

关 键 词 语

防腐　corrosion prevention

保温　thermal insulation

参 考 文 献

[1]中华人民共和国住房和城乡建设部.暖通空调制图标准:GB/T 50114—2010.北京:中国计划出版社,2010.

[2]中华人民共和国住房和城乡建设部.通风与空调工程施工质量验收规范:GB 50243—2016.北京:中国计划出版社,2016.

[3]中华人民共和国住房和城乡建设部.建筑给水排水及采暖工程施工质量验收规范:GB 50242—2002.北京:中国计划出版社,2002.

[4]中华人民共和国住房和城乡建设部.民用建筑供暖通风与空气调节设计规范:GB 50736—2012.北京:中国计划出版社,2012.

[5]中华人民共和国住房和城乡建设部.工业建筑供暖通风与空气调节设计规范:GB 50019—2015.北京:中国计划出版社,2015.

[6]刘耀华.安装技术.北京:中国建筑工业出版社,1997.

[7]许富昌.暖通工程施工技术.北京:中国建筑工业出版社,1997.

[8]张金和.水暖通风空调设备安装实习.北京:中国电力出版社,2002.

[9]曹兴,邵宗义,邹声华.建筑设备施工安装技术.北京:机械工业出版社,2005.

[10]邵宗义,邹声华,郑小兵.建筑设备施工安装技术.北京:机械工业出版社,2019.

[11]丁云飞.建筑设备工程施工技术与管理.北京:中国建筑工业出版社,2013.

[12]于国清.建筑设备工程CAD制图与识图.北京:机械工业出版社,2005.

[13]何耀东.暖通空调制图与设计施工规范应用手册.北京:中国建筑工业出版社,1999.

[14]刘大宇.水暖通风空调安装实习.北京:中国建筑工业出版社,2003.

[15]李峥嵘.空调通风工程识图与施工.合肥:安徽科学技术出版社.2001.

[16]陈思荣.建筑水暖设备安装.北京:电子工业出版社,2006.

[17]谭伟建,王芳.建筑设备工程图识读与绘制.北京:机械工业出版社,2004.